Ralf Degner
pH-Messung

*Beachten Sie bitte auch
weitere interessante Titel
zu diesem Thema*

Meyer, V. R.

Praxis der Hochleistungs-Flüssigchromatographie

10. Auflage

2008
ISBN: 978-3-527-32046-2

Otto, M.

Chemometrics

Statistics and Computer Application in Analytical Chemistry

2. Auflage

2007
ISBN: 978-3-527-31418-8

Otto, M.

Analytische Chemie

3. Auflage

2006
ISBN: 978-3-527-31416-4

Meyer, V. R.

Fallstricke und Fehlerquellen der HPLC in Bildern

3. Auflage

2006
ISBN: 978-3-527-31268-9

Meyer, V. R.

Pitfalls and Errors of HPLC in Pictures

2. Auflage

2006
ISBN: 978-3-527-31372-3

Ralf Degner

pH-Messung

Der Leitfaden für Praktiker

WILEY-VCH Verlag GmbH & Co. KGaA

Autor

Dipl.-Ing. Ralf Degner
APPL-SYSTEM
Luitpoldstraße 11 a
86415 Mering

■ Alle Bücher von Wiley-VCH werden sorgfältig erarbeitet. Dennoch übernehmen Autoren, Herausgeber und Verlag in keinem Fall, einschließlich des vorliegenden Werkes, für die Richtigkeit von Angaben, Hinweisen und Ratschlägen sowie für eventuelle Druckfehler irgendeine Haftung

**Bibliografische Information
der Deutschen Nationalbibliothek**
Die Deutsche Nationalbibliothek verzeichnet diese Publikation in der Deutschen Nationalbibliografie; detaillierte bibliografische Daten sind im Internet über http://dnb.d-nb.de abrufbar.

© 2009 WILEY-VCH Verlag GmbH & Co. KGaA, Weinheim

Alle Rechte, insbesondere die der Übersetzung in andere Sprachen, vorbehalten. Kein Teil dieses Buches darf ohne schriftliche Genehmigung des Verlages in irgendeiner Form – durch Photokopie, Mikroverfilmung oder irgendein anderes Verfahren – reproduziert oder in eine von Maschinen, insbesondere von Datenverarbeitungsmaschinen, verwendbare Sprache übertragen oder übersetzt werden. Die Wiedergabe von Warenbezeichnungen, Handelsnamen oder sonstigen Kennzeichen in diesem Buch berechtigt nicht zu der Annahme, dass diese von jedermann frei benutzt werden dürfen. Vielmehr kann es sich auch dann um eingetragene Warenzeichen oder sonstige gesetzlich geschützte Kennzeichen handeln, wenn sie nicht eigens als solche markiert sind.

Printed in the Federal Republic of Germany
Gedruckt auf säurefreiem Papier

Umschlagbild   Schulz Grafik-Design, Fußgönheim
Satz   Manuela Treindl, Laaber
Druck   Strauss GmbH, Mörlenbach
Bindung   Litges & Dopf Buchbinderei GmbH, Heppenheim

ISBN: 978-3-527-32359-3

Inhaltsverzeichnis

Vorwort *XI*

Teil 1 pH-Messung *1*

1 Einführung *3*
1.1 pH *3*
1.2 pH in unserer Umgebung *5*
1.2.1 Mensch *5*
1.2.2 Fleisch *6*
1.2.3 Backwaren *7*
1.2.4 Isoelektrischer Punkt *7*
1.2.5 Milch und Milchprodukte *8*
1.2.6 Getränke *9*
1.2.7 Trinkwasser *10*
1.2.8 Oberflächenwasser *11*
1.2.9 Regenwasser *12*
1.2.10 Schwimmbad *12*
1.2.11 Abwasserreinigungsanlagen *13*
1.2.12 Kesselspeisewasser *15*
1.2.13 Pflanzen und Boden *15*
1.2.14 Papier *16*

2 Messeinrichtungen *17*
2.1 Messmethoden *18*
2.1.1 Elektrometrische Messung *18*
2.1.2 Optische Messmethoden *21*
2.2 Glaselektroden-Messketten *23*
2.2.1 Glaselektrode *24*
2.2.2 Referenzelektrode *26*
2.2.3 Verbindung Messkette–Messgerät *35*
2.3 pH-Meter *40*
2.3.1 Messfunktion und Ergebnisanzeige *40*

pH-Messung: Der Leitfaden für Praktiker. Ralf Degner
Copyright © 2009 WILEY-VCH Verlag GmbH & Co. KGaA, Weinheim
ISBN: 978-3-527-32359-3

2.3.2	Bauformen	42
2.3.3	Unterstützende Funktionen	45
2.4	Pufferlösungen	51
2.4.1	Zertifiziertes Referenzmaterial (ZRM)	52
2.4.2	Arbeitspufferlösungen und Technische Pufferlösungen	54
2.4.3	Gebrauch der Pufferlösungen	56

3	**pH-Messung**	**57**
3.1	Eingangsprüfung	58
3.1.1	pH-Meter	58
3.1.2	pH-Messkette	61
3.1.3	Temperatursensor	65
3.1.4	Referenzlösungen	66
3.2	Inbetriebnahme	67
3.2.1	Zustand der Messeinrichtung	67
3.2.2	Aufbewahrungslösung	67
3.2.3	Referenzelektrolytlösung	68
3.3	Kalibrieren	68
3.3.1	Referenzlösung wählen	69
3.3.2	Arbeitsbereich der Messeinrichtung	70
3.3.3	Kalibriertemperatur einstellen	70
3.3.4	Messkette eintauchen	70
3.3.5	Referenzlösung rühren	70
3.3.6	Stabilen Messwert abwarten	71
3.3.7	Kalibrierergebnis beurteilen	71
3.4	Korrekturmaßnahmen	72
3.4.1	Messkette reinigen	72
3.4.2	Messkette regenerieren	72
3.4.3	Justieren	77
3.5	Messen	80
3.5.1	Allgemeines zum Ablauf	80
3.5.2	Messen in Wasser und wässrigen Lösungen	81
3.5.3	Messen von Emulsionen, Suspensionen und Feststoffen	85
3.6	Messung beenden	89
3.6.1	Messkette abziehen	89
3.6.2	Messkette lagern	89

4	**Anwendungsbeispiele**	**91**
4.1	Messen in Feld und Betrieb	91
4.1.1	Abwasser	92
4.1.2	Fleisch (Schweinefleisch)	93
4.1.3	Grundwasser	94
4.1.4	Käse (Hartkäse)	95

- 4.1.5 Käse (Schnittkäse) *96*
- 4.1.6 Käse (Weichkäse) *97*
- 4.1.7 Regenwasser *97*
- 4.1.8 Schwimmbeckenwasser *100*
- 4.1.9 Trinkwasser *101*
- 4.2 Messen im Labor *102*
- 4.2.1 Bier *102*
- 4.2.2 Boden I *103*
- 4.2.3 Boden II *104*
- 4.2.4 Moorboden *105*
- 4.2.5 Kasein und Kaseinate *106*
- 4.2.6 Fleisch und Fleischerzeugnissen *108*
- 4.2.7 Fruchtsaft *109*
- 4.2.8 Kaffee-Extrakt *110*
- 4.2.9 Kühlschmierstoffe (wassergemischt) *111*
- 4.2.10 Latex *112*
- 4.2.11 Margarine und Halbfettmargarine *113*
- 4.2.12 Mayonnaise und emulgierte Soßen *114*
- 4.2.13 Meerwasser *115*
- 4.2.14 Papier, Pappe und Zellstoff *116*
- 4.2.15 Phenolharze *117*
- 4.2.16 Phenolharz (fest) *118*
- 4.2.17 Pigmente und Füllstoffe *119*
- 4.2.18 Röstkaffee *120*
- 4.2.19 Schlamm *121*
- 4.2.20 Stärke und Stärkeerzeugnisse *122*
- 4.2.21 Tenside (wasserlöslich) *123*
- 4.2.22 Tenside (schwer wasserlöslich) *124*
- 4.2.23 Textilien *125*
- 4.3 Kontinuierliches Überwachen und Regeln *127*
- 4.3.1 Abwasser *127*
- 4.3.2 Getränke *128*
- 4.3.3 Milch *128*
- 4.3.4 Reinstwasser *129*
- 4.3.5 Schwimmbeckenwasser *130*
- 4.3.6 Trinkwasser *131*

Teil 2: Qualitätssicherung *133*

- **5 Grundlagen** *135*
- 5.1 Messlösung *135*
- 5.1.1 Hydroniumionenkonzentration *135*
- 5.1.2 Aktivität *138*
- 5.1.3 Pufferwirkung *138*

5.1.4   pH-Bereich   *139*
5.1.5   Konzentrierte Basen, Salzlösungen und Säuren   *140*
5.1.6   Konzentrierte Lösungen unpolarer Stoffe   *140*
5.1.7   Suspensionen   *140*
5.1.8   Nichtwässrige Flüssigkeiten   *141*
5.2   Vorgänge an und in der Glasmembran   *141*
5.2.1   Potentialbildung   *142*
5.2.2   Auslaugschicht   *145*
5.2.3   Beständigkeit   *146*
5.2.4   Elektrische Spannung über der Membran   *147*
5.3   Vorgänge an der Überführung   *148*
5.3.1   Elektrolytausfluss   *148*
5.3.2   Überführungsspannung   *150*
5.3.3   Gedächtniseffekt   *153*
5.3.4   Ausbreitungswiderstand   *153*
5.3.5   Phasengrenzspannung   *154*
5.3.6   Vorgänge an den Referenzelementen   *154*
5.4   Messkettenspannung   *155*
5.4.1   Kennlinie   *156*
5.4.2   Steilheit   *157*
5.4.3   Kettennullpunkt und Offsetspannung   *159*
5.4.4   Einstellverhalten   *161*
5.4.5   Anströmung   *164*
5.4.6   Druck   *166*
5.4.7   Schmutz   *166*
5.5   Messgerät   *168*
5.5.1   Hochohmigkeit   *168*
5.5.2   Widerstand   *169*
5.5.3   Geschirmte Kabel   *170*
5.5.4   Kabelkapazität   *170*
5.5.5   Erden und Erdschleifen   *170*

6   Prüfmittelüberwachung   *173*
6.1   Prüfmittelstammkarte   *173*
6.1.1   Stamm- und Kalibrierdaten   *174*
6.1.2   Kalibrierergebnisse   *174*
6.1.3   Bewegungsdaten   *176*
6.1.4   Servicedaten   *176*
6.2   Prüfmittelfähigkeit, Eignung und Validierung   *177*
6.3   Unsicherheit   *178*
6.3.1   Standardunsicherheit   *180*
6.3.2   Kombinierte Unsicherheit
        (auch kombinierte Standardunsicherheit)   *180*
6.3.3   Erweiterte Unsicherheit   *180*
6.3.4   Ermitteln der Unsicherheit   *181*

6.3.5	Unsicherheitsbudget *182*
6.3.6	Unsicherheitskomponenten quantifizieren *185*
6.3.7	Unsicherheit der Kalibrierdaten *188*
6.3.8	Berechnen der kombinierten Unsicherheit *191*
6.3.9	Festlegen des Erweiterungsfaktors und Berechnung der erweiterten Unsicherheit *193*
6.3.10	Berücksichtigung der Unsicherheit in der Arbeitsanweisung *193*
6.4	Prüfbericht *195*

Teil 3: Anhänge *197*

7 Tabellen und Übersichten *199*

7.1	pH-Werte *199*
7.2	Qualität verschiedener Fleischsorten in Abhängigkeit vom pH-Wert *207*
7.3	pH-Werte der Standardpufferlösungen *208*
7.4	Reproduzierbarkeit der Messergebnisse in Abhängigkeit von der Temperatur *208*
7.5	Nernststeilheit in Abhängigkeit von der Temperatur *209*
7.6	pH und Leitfähigkeit verdünnter Salzsäure *210*
7.7	pH und Leitfähigkeit verdünnter Natriumhydroxidlösungen *210*
7.8	Membrangläser *211*
7.9	Ausflussgeschwindigkeit verschiedener Diaphragmen *211*
7.10	Phasengrenzspannungen *212*
7.11	Ionenbeweglichkeiten *212*
7.12	Standardspannungen von Silber/Silberchlorid-Referenzelementen *213*
7.13	Anbieter pH-Messeinrichtungen *214*
7.14	Normen zur pH-Messtechnik *221*
7.14.1	DIN Normen *221*
7.14.2	DIN EN Normen *222*
7.14.3	DIN ISO Normen *223*
7.14.4	DIN EN ISO Normen *223*
7.14.5	ISO Normen *224*
7.14.6	Amtliche Sammlung von Untersuchungsverfahren nach § 35 LMBG *224*
7.15	OENORMEN (Österreich) *225*
7.16	BS Normen (Großbritanien) *225*
7.17	NF Normen (Frankreich) *226*
7.18	GOST Normen (Russland) *226*

Literaturverzeichnis   *227*

Stichwortverzeichnis   *233*

Vorwort

13 Jahre sind seit der Veröffentlichung des Buches „pH messen" vergangen. Das Buch beruhte im Wesentlichen auf bereits veröffentlichten Informationen aus der pH-Fachliteratur und der Normung. Bereits bei den Recherchen zum Buch „pH messen" musste ich feststellen, dass in Gebrauchsanweisungen und bei den Schulungen nicht alles korrekt wiedergegeben wurde. Nicht selten standen „Traditionen" den korrekten Aussagen im Wege.

2001 begann ich meine freiberufliche Tätigkeit als Referent, Autor und Berater. Seit dem kann ich den Teilnehmern meiner Seminare fachlich einwandfreie Aussagen machen, die manchmal auch im krassen Gegensatz zur gängigen Meinung stehen können.

Die pH-Messtechnik blieb daher auch während meiner freiberuflichen Tätigkeit ein wichtiges Thema, so erprobte ich Messketten in Schwimmbeckenwasser und prüfte das Verhalten verschiedener Messketten in den verschiedensten Trinkwässern. Von Rothes in Schottland bis Graz in Österreich war kein Trinkwasser vor mir sicher. Ich beschäftigte mich allerdings nicht nur mit praktischen Erprobungen und mit der Normung zum pH (DIN, CEN), sondern im zunehmenden Umfang auch mit der Qualitätssicherung und Prüfmittelüberwachung. Meine Vorträge machten intensive Recherchen erforderlich. Sehr hilfreich waren mir meine hervorragenden Referenten, von denen ich an dieser Stelle Herrn Prof. Dr. Kaus, einen international anerkannten Experten auf dem Gebiet der Messunsicherheit, Herrn Barankewitz (Sartorius AG), Herrn Dr. Scheutwinkel, einen weltweit aktiven Auditor und Herrn Christelsohn für ihre Informationen danken möchte. Weiterhin verhalf mir meine Mitgliedschaft beim EURACHEM-D zu vielen Anregungen, die ich u. a. für das neue Buch pH-Messung verwenden konnte.

Akkreditierte Laboratorien, aber auch zertifizierte Unternehmen sind im Rahmen ihrer Prüfmittelüberwachung auf zuverlässige Informationen und korrekte Maßnahmen zur Qualitätssicherung angewiesen, die Sie in den herkömmlichen Unterlagen zur

pH-Messung: Der Leitfaden für Praktiker. Ralf Degner
Copyright © 2009 WILEY-VCH Verlag GmbH & Co. KGaA, Weinheim
ISBN: 978-3-527-32359-3

pH-Messung häufig leider nicht finden. Ein neues Buch, das u. a. die Bedürfnisse der Qualitätssicherung berücksichtigt, war somit fällig. So schrieb ich nun das Buch „pH-Messung für Praktiker". Ich habe die auch heute noch gültigen Aussagen aus meinem Buch „pH messen" übernommen, allerdings u. a. die Tipps zu den Anwendungen meinen neuen Kenntnissen angepasst. Das Thema „Qualitätssicherung" ist vollständig neu bearbeitet und auch beim Thema „Grundlagen" gibt es Neues. Das Buch „pH-Messung für Praktiker" ist kein überarbeitetes Buch „pH messen", sondern steht in vielen Punkten in Widerspruch zu dem vorangegangenem Werk.

Gerade die Auswirkungen der Qualitätssicherungsmaßnahmen werden nicht jedem gefallen. Dennoch ist es sinnvoll die Empfehlungen der Normen zur Prüfmittelüberwachung, Zertifizierung und Akkreditierung sowie die Leitfäden des Deutschen Kalibrierdienstes oder der Akkreditierungsstellen auch für die pH-Messung zu verwenden. Diese Texte sind die Grundlage der aktuellen Qualitätssicherungsmaßnahmen. Dieses Vorgehen bedeutet jedoch häufig das die überlieferten Angaben einer Gebrauchsanweisung oder mancher pH-Norm nicht mehr zutreffend sind. Viele dieser überlieferten Aussagen habe ich als Mitarbeiter eines führenden Herstellers über Jahrzehnte mit verbreitet und ich denke, es ist nun auch meine Pflicht, meinen Anteil zur Korrektur überholter Aussagen beizutragen.

Zum Schluss noch eine Danksagung und eine Anmerkung. Ich bedanke mich bei meiner Frau Liane für die zahlreichen Stunden, in denen sie die vom Korrekturprogramm übersehenen Fehler ausmerzte. Anmerken möchte ich, dass der an vielen Stellen verwendete, passive Schreibstil auf Änderungen des Verlages zurückzuführen ist.

Mering, im September 2008 *Ralf Degner*

Teil 1
pH-Messung

1
Einführung

1.1
pH

Das Kürzel p_H ist vom lateinischen *pondus hydrogenii* (Gewicht des Wasserstoffs) oder auch vom lateinischen *potentia hydrogenii* (Wirksamkeit des Wasserstoffs) hergeleitet. Heute hat sich die drucktechnisch einfachere Schreibweise pH durchgesetzt.

Die ersten praktischen Erfahrungen mit dem pH machten wir mit Hilfe unseres Geschmackssinns. Wir stellen fest, dass es Lebensmittel und Getränke mit unterschiedlich saurem Geschmack gibt. Diese Feststellung trifft besonders auf Getränke und Früchte zu. Saure Getränke mit einem pH-Wert bis unter pH = 3 gelten als wohlschmeckend und erfrischend. Getränke mit pH-Werten am Neutralpunkt pH = 7 empfinden wir als fad und solche mit einem pH-Wert im basischen Bereich bei pH > 7 als ungenießbar.

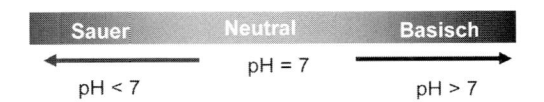

Sauer	Neutral	Basisch
←	pH = 7	→
pH < 7		pH > 7

pH-Bereich

Der pH-Wert sagt somit aus, ob eine Lösung neutral, sauer oder basisch reagiert. Wie stark sauer oder basisch eine Lösung ist, ist an einer pH-Skale ablesbar. Bei pH = 7 reagiert eine Lösung neutral. Lösungen mit Werten unter pH = 7 reagieren sauer, und bei Werten über pH = 7 basisch. Beruht die basische Wirkung auf Alkaliionen, wie Natriumionen (z. B. Natronlauge) oder Kaliumionen (Kalilauge), so ist die Lösung alkalisch.

Für die saure Wirkung sind Oxoniumionen H_3O^+ verantwortlich und für die basische Wirkung sind es Hydroxidionen. In der Praxis verwendet man den Begriff Wasserstoffionen anstelle des korrekten Begriffes Oxoniumionen. Es ist zwar seit 1924 bekannt, dass es keine

pH-Messung: Der Leitfaden für Praktiker. Ralf Degner
Copyright © 2009 WILEY-VCH Verlag GmbH & Co. KGaA, Weinheim
ISBN: 978-3-527-32359-3

Wasserstoffionen in wässrigen Lösungen gibt. Der Begriff Wasserstoffionen ist jedoch derart verbreitet, dass der Begriff „Wasserstoffionen" praktisch ein Synonym für die „Oxoniumionen" ist.

Die DIN 1319 Teil 1 unterscheidet zwischen der Messgröße und dem Zahlenwert.

Die Messgröße ist die physikalische Größe, die durch die Messung erfasst wird, z. B. die Temperatur, der pH oder der Druck.

Der Messwert ist der spezielle zu bildende Wert der Messgröße, er wird als Produkt aus Zahlenwert und Einheit angegeben, z. B. ϑ = 23 °C, pH = 7,6 oder p = 1050 hPa. Der pH-Wert hat hierbei die Einheit 1, die bei der Angabe des pH-Wertes entfällt.

Ursprünglich war die saure oder basische Wirkung einer Lösung der Wasserstoffionenkonzentration zugeordnet. Dies bedeutet in der Regel den Umgang mit sehr kleinen Zahlen, z. B. $c(H^+)$ = 0,000 000 001 mol/l bzw. $c(H^+)$ = 10^{-9} mol/l.

Sörensen vereinfachte diese Angabe, indem er den pH-Wert wie folgt definierte: „Der pH-Wert ist der negative, dekadische Logarithmus der Wasserstoffionenkonzentration".

$$pH = -\lg(H^+)$$

Heute ist bekannt, dass nicht die Konzentration, sondern die Aktivität der Wasserstoffionen den pH einer Lösung bestimmt. Das bedeutet, dass Lösungen mit gleichen Konzentrationen an Wasserstoffionen unterschiedlich sauer oder basisch reagieren können.

Weiterhin ist pH nicht mehr auf das Volumen (Molarität), sondern auf die Masse (Molalität) der Lösung bezogen.

Tabelle 1.1 Zusammenhang Wasserstoffionenkonzentration und pH-Wert nach Sörensen.

Wasserstoffionenkonzentration in mol/l		pH-Wert
10	10^1	−1
0,1	10^{-1}	1
0,001	10^{-3}	3
0,000 01	10^{-5}	5
0,000 000 1	10^{-7}	7
0,000 000 001	10^{-9}	9
0,000 000 000 01	10^{-11}	11
0,000 000 000 000 1	10^{-13}	13
0,000 000 000 000 001	10^{-15}	15

Die Definition lautet heute somit gemäß der Norm DIN 19260: „Der pH ist der negative dekadische Logarithmus der molalen Wasserstoffionenaktivität geteilt durch die Einheit der Molalität".

$$pH = -\lg(a_{H_3O^+}/m_0)$$

Dementsprechend ist der pH gemäß der Norm DIN 19261 „ein Maß für die saure oder basische Wirkung einer wässrigen Lösung" und der pH-Wert eine dimensionslose Zahl, die den pH charakterisiert. Er ist der mit (−1) multiplizierte, dekadische Logarithmus der molalen Wasserstoffionenaktivität.

Literatur: 1, 41, 42

1.2
pH in unserer Umgebung

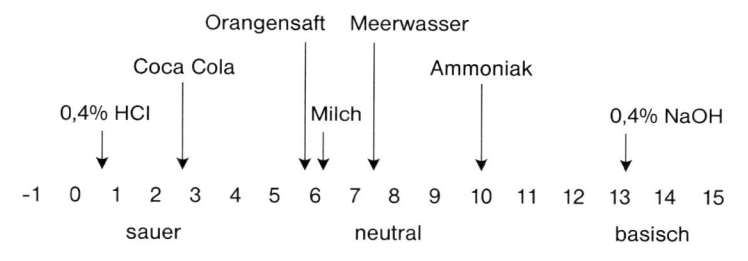

pH-Skala

Folgende Beispiele zeigen die große Bedeutung des pH auf unser Leben.

1.2.1
Mensch

Die meisten Lebensvorgänge in unserem Organismus funktionieren in neutralem oder leicht basischem Milieu. Ausnahmen sind der Säureschutzmantel der Haut und die Salzsäure im Magen. Die Flüssigkeiten in Darm und Bauchspeicheldrüse sind mit Werten um pH = 8,0 schwach alkalisch. Die Werte der Leber- und Gallensekrete und des Speichels liegen zwischen pH = 7,0 und pH = 7,1. Das Bindegewebe hat Werte zwischen pH = 7,1 und pH = 7,3. Die Werte des Harns ändern sich mehrmals am Tage zwischen sauer (pH = 4,8) und basisch (pH ≤ 8,0) und der Magensaft ist mit pH = 1,2 bis pH = 3,0 eindeutig sauer.

Die wichtigste Körperflüssigkeit, das Blut, hat einen relativ konstanten pH-Wert von pH = 7,4, der nur im Extremfall zwischen pH = 7,3 und pH = 7,8 schwankt. Bereits ein Absinken auf den Neutralwert pH = 7,0 oder ein Anstieg auf mehr als pH = 7,8 würde tödlich sein. Bedrohliche pH-Verschiebungen kommen im Blut allerdings selten vor.

Auch der gesunde Körper wird ständig mit Säuren konfrontiert. Er bildet Säuren bei der Zellatmung und beim Stoffwechsel. Für die Neutralisation und Ausscheidung säurereicher Speisen benötigt er daher basische Substanzen.

Neben psychischen Ursachen wie Stress, Angst und Depression verschieben auch Bewegungsmangel und Krankheiten der Verdauungsorgane auf Dauer die Säure-Basen-Balance.

Die Haut hat einen natürlichen Säureschutzmantel, der sie vor Krankheitserregern und anderen Umwelteinflüssen schützt. Ihr pH-Bereich liegt zwischen pH = 4,2 und pH = 6,7. Körperpflegemittel wie Seifen, Shampoos oder Cremes sollen diesen natürlichen Schutzmantel nicht schädigen, d. h. sie müssen pH-hautneutral sein.

Literatur: 2

1.2.2
Fleisch

Der pH-Wert in den Muskeln lebender Tiere liegt nahe dem Neutralpunkt. Nach dem Tod entsteht durch Abbau von Glykogen Milchsäure und der pH sinkt innerhalb von Stunden bis unter pH = 6. Für die fleischverarbeitende Industrie ist der Verlauf der pH-Änderung in den ersten Stunden nach der Schlachtung eines Tieres ein wertvolles Qualitätsmerkmal.

Bei einem Schweinemuskel sinkt der Wert innerhalb von 24 Stunden normalerweise auf etwa pH = 5,5. Beträgt der Wert bereits nach der ersten Stunde unter pH = 5,8, so handelt es sich um PSE-Fleisch (pale = blass, soft = weich, exucativ = wässrig). Dieses Fleisch hat ein vermindertes Wasserbindungsvermögen und ist besonders als Zusatz für die Rohwurstherstellung geeignet. Schweinefleisch, dessen pH auch noch nach 24 Stunden über pH = 6 liegt, ist DFD-Fleisch (dark = dunkel, firm = fest, dry = trocken). Dieses Fleisch hat ein besonders hohes Wasserbindungsvermögen. DFD-Fleisch ist auch nach dem Braten noch sehr saftig. Es ist besonders günstig für Kassler, Kochschinken, Kotelett und Schnitzel.

Dem DFD-Fleisch beim Schwein entspricht das dark cutting Fleisch beim Rind (dunkler Ausschnitt, leimige Oberfläche). Rindfleisch erreicht den End-pH jedoch erst nach 40 Stunden.

Der pH von schnell gereifter Wurst beträgt pH = 4,8 bis pH = 5,2. Bei Dauerwurst kann der Wert aufgrund der niedrigen Wasseraktivität zwischen pH = 5,3 und pH = 5,8 liegen. Beim Altern der Wurst kann der pH sinken, sie wird sauer.

Bei verdorbenem Fisch nimmt der pH aufgrund der Bildung von Ammoniak und Aminen zu, er steigt auf Werte von pH = 7,5 bis zu pH = 8,0.

Literatur: 2, 3, 4, 11

1.2.3
Backwaren

Ein Teig geht nur bei niedrigem pH richtig auf. Brot hat bei hohen Werten ein zu geringes Volumen und ist unangenehm fest.

Bereits die Teigzutaten entscheiden, ob beim Backen die optimalen Bedingungen für die biologischen und chemischen Prozesse vorliegen. Bessere Mehlsorten zeichnen sich durch ihren niedrigen pH aus. Bei frischen Eiern liegen die Werte zwischen pH = 7,6 und pH = 8,0. Bereits nach einer Woche steigt er bis pH = 9,0 und erreicht nach einem Monat Werte bis pH = 9,7. Säurehaltige Backmittel helfen, die richtigen pH-Bedingungen für den Backprozess einzustellen.

Literatur: 10

1.2.4
Isoelektrischer Punkt

Bei Naturprodukten mit größeren Gehalten an Eiweißstoffen (z. B. Fleisch und Milch) bestimmt der pH deren chemisches Verhalten. Besonders für die industrielle Nutzung dieser Produkte ist die Kenntnis des pH-Verhaltens von Bedeutung.

Eiweißstoffe sind bei niedrigem pH-Wert positiv und bei einem hohen pH negativ geladen. Jeder Eiweißstoff hat einen individuellen pH, bei dem die elektrische Ladung Null ist, dieser pH-Wert ist der isoelektrische Punkt. In der Milch klumpt z. B. bei pH = 4,7 der Eiweißstoff Kasein aus. Bei der Fertigung von Milchprodukten endet daher der mikrobiologische Prozess in der Nähe dieses isoelektrischen Punktes.

In der Brautechnik dienen die elektrischen Eigenschaften der Eiweißstoffe auch zum Klären des Bieres. Beim Brauprozess denaturiert ein Teil der Eiweißstoffe durch das Kochen der Würze. Diese Eiweißstoffe können zu unerwünschten Trübungen führen. In der Nähe des isoelektrischen Punktes, in diesem Fall bei pH = 5, fallen nach Zugabe eines Flockungsmittels die Trübungen am effektivsten aus.

Ein weiteres Beispiel ist das Gerben von Häuten. Zwei für den Gerbprozess wichtige Substanzen sind das Kollagen und der Gerbstoff. Der isoelektrische Punkt des Kollagens liegt bei pH = 5 und der des Gerbstoffes bei pH = 2,5. Das Gerben erfolgt in einem Bereich zwischen pH = 3,5 und pH = 5,0. In diesem Bereich reagiert das positiv geladene Kollagen mit dem negativ geladenen Gerbstoff und führt zur Lederbildung der Haut.

Literatur: 2, 5

1.2.5
Milch und Milchprodukte

Die Frischmilch hat einen pH-Wert zwischen pH = 6,6 und pH = 6,8. Die in der Milch enthaltenen Bakterienstämme ernähren sich von der Laktose (Milchzucker). Bei dieser Fermentation (Gärung) entsteht Milchsäure, die Milch wird sauer. Am isoelektrischen Punkt (pH = 4,7 bei 20 °C) enthält die Milch etwa 0,5 bis 1 % Säure und das in der Milch enthaltene Kasein fällt aus. Kasein ist nur eines der Milchproteine, den wesentlichen Anteil macht das Molkeprotein aus.

Zur Gewinnung der Milchprodukte, wie Butter, Buttermilch, Joghurt oder Käse erhält die Milch Zusätze spezieller Hefekulturen. Bei der anschließenden Fermentation sinkt der pH. Sobald der optimale pH erreicht ist, wird die Fermentation durch Senken der Temperatur abgebrochen.

Butter
Der Rahm für die Butterherstellung entsteht durch Fermentation der Milch mit Hilfe von Milchsäurebakterien (Diacetyl-Bakterien für Sauerrahm).

Die Fermentation beginnt bei einer Temperatur von 18 °C bis 19 °C. Bei pH = 5,3 beendet das Senken der Temperatur auf 12 °C bis 13 °C den Fermentationsvorgang. Bei der Sauerrahmherstellung liegt das Fermentationsende bei pH = 4,1 mit anschließender Temperatursenkung auf 4 °C.

Bei einem Wert von pH = 4,6 trennt sich der Sauerrahm von der Buttermilch. Durch eine starke mechanische Belastung des Rahms (Butterung) zerreißen die Membranen der Fetttröpfchen, so dass eine kontinuierliche Fettphase entsteht. Das anschließende Kneten der Butter reduziert den Luftgehalt auf unter 1 % und den Wassergehalt von etwa 30 % auf 15 bis 19 %.

Joghurt

Zum Herstellen von Joghurt dient Milch, deren Fettgehalt auf einen definierten Wert eingestellt wurde.

Das Ende der Fermentation ist bei einem Wert im Bereich von pH = 4,0 bis pH = 4,4 erreicht. Der Säuregehalt beträgt nun etwa 0,7 % bis 1,1 %. Rühren und Abkühlen der Joghurtmasse beendet den Fermentationsvorgang.

Käse

Zum Herstellen von Käse dient Milch, deren Fettgehalt auf einen definierten Wert eingestellt wurde. Zur Fermentation gibt es für die verschiedenen Käsearten spezielle Bakterienkulturen. Die Koagulation erfolgt bei Sauermilchkäse im Bereich von pH = 4,6 bis pH = 4,9 oder bei Süßmilchkäse im Bereich von pH = 6,3 bis pH = 6,6.

Beim Käse entscheidet das Verhalten des pH während der ersten Stunden und Tage über Festigkeit, Farbe und Geschmack. Das pH-Verhalten ist für jede Käsesorte charakteristisch. Ein reifer Emmentalerkäse von guter Qualität unterscheidet sich von einem Käse mit unerwünschter Nachgärung durch einen niedrigeren pH-Wert. Die pH-Unterschiede sind zwar gering, aber signifikant (gute Qualität pH < 5,69, schlechte Qualität pH > 5,73).

Die Reifezeit des Käses ist sehr unterschiedlich und reicht von einigen Tagen bei Weichkäse bis mehreren Monaten bei Hartkäse. Während der Reifung erfolgt ein mehr oder weniger starker Abbau der Laktose zu Milchsäure. Propionsäurebakterien verarbeiten die Milchsäure weiter zu Propionsäure, Essigsäure und Kohlendioxid (Löcher im Emmentaler).

Reinigung der Behälter und Leitungen

Hygiene ist eine wesentliche Voraussetzung für die Qualität der Milchprodukte. Nach jeder Nutzung ist eine gründliche Reinigung der Tanks, Behälter und Leitungen notwendig. Als Reinigungsmittel dient zunächst 70 °C heiße Natronlauge (1 %). Anschließend erfolgt die Neutralisation mit Salpetersäure (1 %). Eine pH-Messung zeigt den Erfolg der Neutralisation.

Literatur: 5, 7, 8, 9, 10, 17

1.2.6
Getränke

Limonade, Bier, Wein oder Spirituosen – der pH ist für alle Hersteller von Getränken in den verschiedenen Stadien des Herstellungsprozesses von Bedeutung. Die kontinuierliche Überwachung des pH sichert die Qualität und Kontinuität der Produkte.

Bei alkoholischen Getränken wie Bier beginnt die pH-Überwachung bereits bei der Aufbereitung der Hefe. Ist Bierhefe mit zu vielen Fremdkeimen infiziert, so erfolgt eine Säurewäsche zur Reinigung der Bierhefe (Senken des pH auf 2) von den störenden Begleithefen. Der Vorgang dauert maximal 6 Stunden und ist nach dem Anheben des pH auf den ursprünglichen Wert beendet.

Bei der Gärung hängt die Wirkung der Enzyme vom pH ab. Der optimale pH für β-Amylase liegt in der Maische in einem Bereich von pH = 5,4 bis pH = 5,6 und für α-Grenzdextrine zwischen pH = 5,6 und pH = 5,8.

Schließlich hängt die Haltbarkeit und der Geschmack der Getränke vom pH ab. So liegt der pH von Bier beim Abfüllen im Bereich zwischen pH = 3,9 und pH = 4,1, beim Wein zwischen pH = 2,9 und pH = 3,3. Ein schwach saures bzw. nahezu neutrales Getränk empfinden wir als fad. Bei einer ausreichenden Säuremenge schmeckt es frisch und wohlschmeckend. Die Haltbarkeit der Getränke ist bereits bei Werten über pH = 3,4 beeinträchtigt, da es im Getränk zu einer erheblichen Vermehrung schädlicher Milchsäurebakterien kommen kann.

Literatur: 12

1.2.7
Trinkwasser

Innenraum des Trinkwasser-Hochbehälters in Peiting

Die pH-Messung des Trinkwassers dient der Hygiene und dem Schutz der Leitungsnetze. Die wesentliche Aussage des pH-Wertes betrifft das Kalk–Kohlensäuregleichgewicht. Der im Wasser gelöste Kalk steht mit dem gelösten Kohlendioxid in einem chemischen Gleichgewicht. Die Mengen an Kalk und Kohlendioxid hängen bereits vom verwendeten Rohwasser ab. Enthält das Wasser zu wenig Kohlendioxid, so scheidet es Kalk ab und belegt die Wasserleitung. Bleibt dieser Zustand über einen längeren Zeitraum bestehen, so wächst die Leitung zu. Kritischer ist ein Überschuss an Kohlensäure. Er löst die Kalkschicht auf. Ohne die schützende Kalkschicht ist das Leitungsmaterial der Korrosion preisgegeben. Durch Lösen von Schwermetallen oder Eindringen von Fremdwasser kamen in der Vergangenheit wiederholt Menschen zu Schaden, im Extremfall zu Tode.

Optimal ist der pH, sofern er dem Calcitsättigungs-pH-Wert entspricht. Es handelt sich um einen Wert, der aus der Zusammensetzung des Wassers berechnet wird. Entspricht der pH des Wassers diesem Wert, so kommt es weder zu Kalkabscheidungen noch zum Lösen der Kalkschutzschicht.

In der Trinkwasserverordnung ist angegeben: „Das Wasser sollte nicht korrosiv wirken". Die berechnete Calcitlösekapazität am Ausgang des Wasserwerks darf 5 mg/l $CaCO_3$ nicht überschreiten; diese Forderung gilt als erfüllt, wenn der pH-Wert am Wasserwerksausgang ≥ 7,7 ist. Bei der Mischung von Wasser aus zwei oder mehr Wasserwerken darf die Calcitlösekapazität im Verteilungsnetz den Wert von 10 mg/l nicht überschreiten. Für in Flaschen oder Behältnisse abgefülltes Wasser kann der Mindestwert auf 4,5 pH-Einheiten herabgesetzt werden. Von Natur aus kohlensäurehaltiges Wasser oder Wasser, das mit Kohlensäure versetzt wurde, kann einen niedrigeren pH-Wert haben.

Literatur: 12, 13

1.2.8
Oberflächenwasser

Schilfgürtel am Widdersberger Weiher

Die meisten Oberflächengewässer haben pH-Werte im Bereich von pH = 6 bis pH = 9. Hierbei gilt der Bereich von pH = 6 bis pH = 8 als besonders günstig für die Fauna und Flora. In Moor- und Heidegegenden sowie Braunkohlegebieten sind, bedingt durch die natürlich auftretenden Huminsäuren, auch pH-Werte bis pH = 5 möglich.

Literatur: 10, 14, 15, 16

1.2.9
Regenwasser

Widdersberger Weiher bei Regen

In den Schlagzeilen ist in Verbindung mit dem Umweltschutz häufig vom sauren Regen zu lesen, der unsere Wälder schädigt. Der pH-Wert des Regens liegt auf Grund des im Regenwasser gelösten Kohlendioxids bereits im sauren Bereich, bei pH = 5,7. Durch natürliche Schwefel- und Stickstoffkreisläufe kann er bis pH = 4,5 sinken. Tiefere pH-Werte sind schließlich auf die anthropogenen Emissionen zurückzuführen.

Literatur: 14, 15, 16

1.2.10
Schwimmbad

In Schwimmbädern ist der pH für den Hautschutz und die Hygiene von Bedeutung. Der pH des Wasser muss im Bereich von pH = 6,5 bis pH = 7,6 liegen. Werte außerhalb dieser Grenzen verursachen Hautreizungen und beeinträchtigen den Wasseraufbereitungsprozess.

pH	Wirkung
> 8,5	Hautreizungen
8,5	Trübung, fehlende Desinfektion
8,0	Gestörte Flockung
7,5	
7,0	
6,5	Korrosion
6,0	Gestörte Flockung

Bei zunehmendem pH nimmt die Wirkung der als Desinfektionsmittel verwendeten Unterchlorigen Säure ab. Bei pH = 8 ist die Konzentration der Unterchlorigen Säure auf ca. 30 % vermindert. Weiterhin mindert ein zu hoher aber auch ein zu geringer pH die Wirkung der Flockungsmittel. Ab einem Wert über pH = 8 zerstören die Basen schließlich den natürlichen Säureschutz der Haut.

Eine automatische pH-Regeleinrichtung stellt den pH auf den optimalen Wert ein.

Literatur: 43

1.2.11
Abwasserreinigungsanlagen

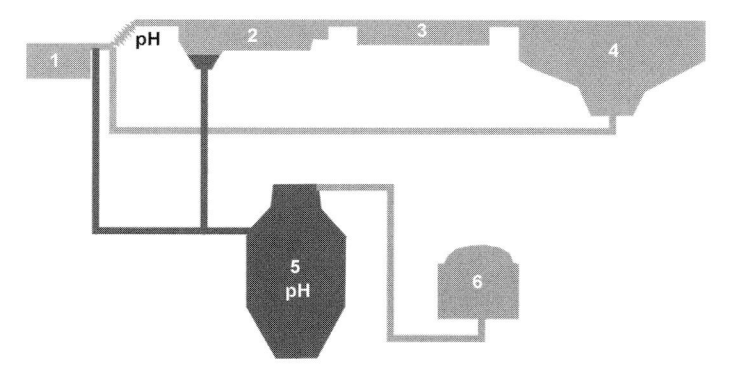

Schema einer kommunalen Abwasserreinigungsanlage:
1 Sandfang, 2 Vorklärbecken, 3 Belebtschlammbecken,
4 Nachklärbecken, 5 Faulturm, 6 Gasbehälter

Abwasserreinigungsanlagen schützen die Gewässer vor Einleitungen ungereinigter Abwässer und somit vor extremen pH-Änderungen. Bereits bei Werten unter pH = 6,5 besteht die Gefahr von

Betonschäden in der Kanalisation. Bei Werten unter pH = 5 und über pH = 10 kommt der biologische Reinigungsprozess praktisch zum Erliegen. Zu hohe oder zu niedrige Werte sind fast immer auf ein unzulässiges Einleiten von Industrie- oder Gewerbeabwasser in das Kanalnetz zurückzuführen.

Zulauf der Anlage

Abwasserreinigungsanlagen, Weilheim

Die pH-Messung im Zulauf der Anlage dient dem Schutz von Kanalisation und Gebäude. Abwässer mit einem Wert unter pH = 6 oder über pH = 9 führen zu kostspieligen Materialschäden. Ein kurzzeitiges Über- oder Unterschreiten des zulässigen pH-Bereiches hat in der Regel keine Folgen. Die große Wassermenge in den Becken der Anlage reicht, um kleine Säure- oder Basemengen ausreichend zu verdünnen und zu neutralisieren. Bei langfristigen oder häufigen Überschreitungen ist es jedoch erforderlich, den Verursacher ausfindig zu machen, um die Einleitungen zu unterbinden. Soll die Überwachung des Zulaufs wirksam erfolgen, so muss sie kontinuierlich rund um die Uhr erfolgen. Zur Messung ist eine fest installierte Messeinrichtung mit entsprechenden Aufzeichnungsmöglichkeiten erforderlich.

Faulturm
Bei der Abwasserreinigung entstehen große Mengen an Schlamm. Der eingedickte Klärschlamm ist seit langem ein preiswerter Dünger für Landwirtschaft und Gärtnereibetriebe. Er enthält viele für Pflanzen wertvolle Nährstoffe. Neben nützlichen Bestandteilen

enthält der Schlamm aber auch schädliche Stoffe wie Schwermetalle. Saure Böden lösen einen Teil dieser Schwermetalle, wie Cadmium und Zink, so dass diese in die Nahrungskette gelangen können. Aus diesem Grund schreibt die Klärschlammverordnung für landwirtschaftlich genutzten Schlamm einen minimalen pH-Wert von pH = 5 vor.

Eine weitere Messstelle für den pH-Wert ist der Schlamm im Faulturm. Der pH wirkt wesentlich auf die Aktivität der Mikroorganismen. Die in diesem anaeroben Prozess vorkommenden Mikroorganismen reagieren weit sensibler auf ihre Umweltbedingungen als ihre aeroben Verwandten. Bei auch nur geringen pH-Änderungen können Populationen verschwinden und andere entstehen. Extreme Abweichungen töten die Mikroorganismen schließlich.

Bei einem Wert unter pH = 7 (Neutralpunkt) kippt der Schlamm um (saurer Schlamm) und es entstehen Faulgase, u. a. Schwefelwasserstoff. Die gewünschte Volumenabnahme geht nun nur noch langsam und im geringen Umfang voran. Der so entstehende Schlamm ist schleimig und nur schwer zu entwässern.

Unter basischen Bedingungen im Bereich von pH = 7 bis pH = 8 tritt die gewünschte, geruchlose Methanfaulung ein. Die genaue Überwachung und Einstellung des pH sind Voraussetzungen für eine optimale Methangasproduktion.

1.2.12
Kesselspeisewasser

In Kraftwerken dient Wasser zur Dampferzeugung. Um gefährliche Ablagerungen zu vermeiden, muss das Kesselspeisewasser frei von gelösten Substanzen sein, lediglich ein Alkalisierungsmittel, z. B. Ammoniak, darf enthalten sein. Durch Auffangen und Kondensieren des Wasserdampfs kann das Kondensat wieder zur Kesselspeisung verwendet werden. Bei diesem Kondensat handelt es sich praktisch um destilliertes Wasser.

Reines Wasser ist besonders bei einem Wert unter pH = 7 sehr aggressiv. Reines Wasser verursacht auch erhebliche Probleme in Bezug auf die Messtechnik. Bereits kleinste Verunreinigungen können den pH-Wert deutlich beeinflussen, eine Probenahme für die Messung ist praktisch nicht machbar. Die pH-Messung muss im Durchfluss erfolgen.

1.2.13
Pflanzen und Boden

Eine Voraussetzung für ein optimales Pflanzenwachstum ist der richtige pH-Wert des Bodens bzw. der Nährlösung. Da Pflanzen an bestimmte Bodenbedingungen angepasst sind, ist auch der optimale pH-Wert für die diversen Pflanzenarten sehr unterschiedlich. Bei zu hohen oder auch zu niedrigen pH-Werten bilden einige Nährstoffe unlösliche Verbindungen, die für die Pflanzen nicht erreichbar sind. Für wachstumsfördernde Bodenbakterien sind leicht saure Böden optimal.

Literatur: 6

1.2.14
Papier

Papier besteht im Wesentlichen aus Cellulose. Säuren zersetzen diese bei pH-Werten unter pH = 0 und höheren Temperaturen innerhalb weniger Stunden bis auf die Glucosebausteine. Bei verdünnten Säuren verläuft der Vorgang langsamer, er hört aber bei keiner Verdünnung auf.

Schwefelsäure gelangt auf verschiedenen Wegen in das Papier, beispielsweise während der Herstellung über die Tinte oder aus der Luft. Diese Säure verdunstet nicht und auch der Celluloseabbau verbraucht sie nicht. Die Säure behält ihre zerstörende Wirkung für unbegrenzte Zeit.

Papiere einer guten Qualität haben Werte zwischen pH = 5,5 und pH = 6,5. Der pH unbeständigerer Papiere, wie Zeitungspapier, liegt bei pH = 3,5.

Literatur: 17, 18

2
Messeinrichtungen

Das Angebot reicht vom einfachen Farbindikator für orientierende Messungen bis zum Betriebsmessgerät zur kontinuierlichen Überwachung. Die Messung kann elektrometrisch, kolorimetrisch oder photometrisch erfolgen.

Die Messeinrichtung hängt wesentlich von der Messmethode, dem Ort (Feld, Betrieb oder Labor), der Messdauer (Stichprobe oder kontinuierliche Messung) und dem Messgut (Feststoff oder Flüssigkeit) ab. Eine Mindestausrüstung für die elektrometrische Messung kann wie folgt aussehen:

Ausrüstung	Labormessung	Messung vor Ort	
	Stichprobe	Stichprobe	Kontinuierlich
Messgerät/ Umformer	+	+	+
Messkette	+	+	+
Armatur	–	–	+
Thermometer/ Temperatursensor	+	+	+
Referenzlösungen	+	+	+
Kalibriergefäße	+	+	+
Messgefäße	+	–	–
Magnetrührer	+	–	–
Stativ/Halter	+	–	+

pH-Messung: Der Leitfaden für Praktiker. Ralf Degner
Copyright © 2009 WILEY-VCH Verlag GmbH & Co. KGaA, Weinheim
ISBN: 978-3-527-32359-3

2 Messeinrichtungen

2.1
Messmethoden

Der pH ist mit unterschiedlichen Methoden elektrometrisch aber auch optisch messbar. Eine herausragende Position nimmt allerdings die elektrometrische Messung mit der Glaselektrode ein. Auf ihr basieren die genormten Verfahren. Alle anderen Verfahren sind im Prinzip Insellösungen, die lediglich dann zum Einsatz kommen sollten, wenn eine Vergleichbarkeit mit externen Messergebnissen nicht erforderlich oder die Glaselektrode nicht verwendbar ist, z. B. bei Messungen in Flusssäure.

2.1.1
Elektrometrische Messung

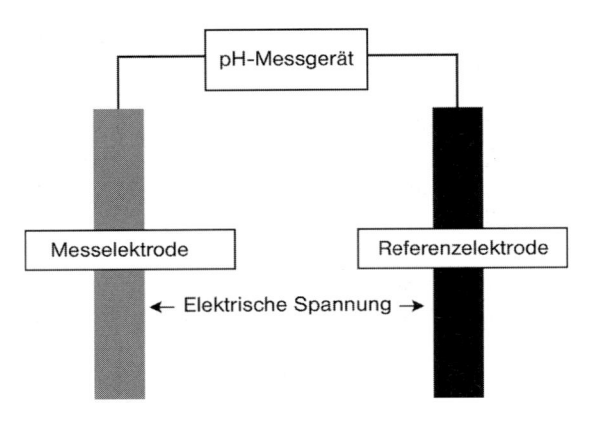

Schema einer Messkette zur potentiometrischen pH-Messung

Sensoren für die elektrometrische Messung bestehen aus einer Messelektrode und einer Referenzelektrode. In nahezu allen Fällen sind diese beiden elektrochemischen Halbzellen (Elektroden) in einer Einstab-Messkette zusammengefasst.

Glaselektroden-Messkette
Die Glaselektrode enthält eine Membran aus einem pH-empfindlichen Silikatglas. Sie ist der leistungsfähigste pH-Sensor; ihr Arbeitsbereich deckt praktisch den gesamten pH-Bereich ab und ist in den meisten Messmedien verwendbar. Lediglich für stark alkalische Lösungen sind spezielle Membrangläser notwendig. Aufgrund der guten Beständigkeit kann eine Glaselektrode viele Jahre halten. Moderne Bauformen sind derart robust, dass auch die häufig gefürchtete Zerbrechlichkeit des Glases kein Problem darstellt.

Jumo-Glaselektroden-Messkette

Das elektrische Potential an der Membranaußenseite resultiert aus dem Gleichgewicht zwischen den am Silikatglas gebundenen und den in der Probe befindlichen Wasserstoffionen.

Mit zunehmendem pH nimmt die Menge der gebundenen Wasserstoffionen ab und das negative Potential des Membranglases zu.

Antimonelektroden

Spezielle Glassorten erweitern den Anwendungsbereich der Glaselektroden bis weit in Bereiche, die das Glas angreifen wie stark alkalische oder flusssäurehaltige Lösungen. Dennoch sind dieser Messtechnik Grenzen gesetzt. Bei einem zu niedrigen pH greift Flusssäure auch das beste Glas an, und auch eine robuste Glaselektrode erreicht nicht die Beständigkeit eines Metalls. Die Antimonelektrode kann diese Bereiche extremer Anwendungsbedingungen abdecken. Es handelt sich bei dieser Elektrode einfach um einen Stab aus Antimonmetall. Die Potentialbildung erfolgt an der Metalloberfläche. Beim Antimon hängt das Gleichgewicht jedoch von der Hydroxidionenaktivität ab.

Messkette mit Antimonelektrode

Antimonelektroden sind mechanisch und chemisch sehr robust. Sie eignen sich für Messungen in Flusssäure oder für die Kontrolle bei einer Kalkmilchfällung.

Der Zusammenhang zwischen dem elektrischen Potential und dem pH-Wert ist nicht so linear wie bei einer Glaselektrode. Antimonelektroden haben daher nur relativ kleine nutzbare Arbeitsbereiche.

Matrixelektroden

Die Miniaturisierung der Messketten, z. B. für Messungen in Zellen (Biologie, Medizin) stößt mit Glaselektroden schnell auf konstruktive Probleme. Ein Ergebnis der Suche nach Alternativen sind die Matrixelektroden.

In einem Kunststoffträger eingebettete Ionophore, wie z. B. die organischen Stickstoffverbindungen, N-Octyl-imidazol oder Tribenzylamin übernehmen die Funktion des Membranglases. Die mechanische und chemische Beständigkeit der Matrixelektroden sind in der Regel nur gering. Spezielle Entwicklungen erlauben allerdings auch Messungen in Flusssäure. Die Arbeitsbereiche sind deutlich kleiner als bei der Glaselektrode. Eine Standzeit von wenigen Monaten ist für Matrixelektroden ein gutes Resultat. Dennoch können diese Elektroden eine optimale Lösung für spezielle Anwendungsbereiche darstellen.

Metalloxidelektroden

Wasserstoffionen stellen auch an verschiedenen Metalloxiden, wie Iridiumoxid, Molybdänoxid oder Zirkonoxid pH-abhängige Potentiale ein. Die Oxide sind in bis zu 30 bis 50 µm dünnen Kunststofffilmen einpolymerisiert. Das Einstellverhalten ist mit Zeiten von weniger als einer Sekunde und einer Gleichgewichtseinstellung innerhalb von einer Minute beachtlich gut. Ein Molybdänoxidsensor erreicht z. B. einen T_{90}-Wert (90 % des Endwertes) in 5 Sekunden. Das Problem dieser Sensoren sind wiederum die stark eingeschränkten Arbeitsbereiche.

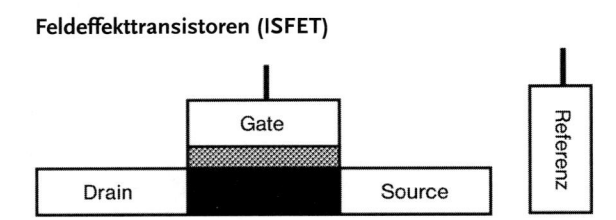

Feldeffekttransistoren (ISFET)

Schema des ISFET-Sensors

ISFET steht für ionenselektiver Feldeffekttransistor. Diese Sensoren unterscheiden sich weniger durch das Membranmaterial von den anderen Sensortypen als durch ihre Konstruktion. Bei einem ISFET-Sensor bildet die Membran eine Einheit mit einem Verstärker. Ein Vorteil ist das gute Ansprechverhalten. Da eine Miniaturisierung von Transistoren kein Problem darstellt, sind ISFET-Sensoren eine interessante Alternative im Bereich biologischer und medizinischer Anwendungen.

Das Arbeitsprinzip basiert auf der Regelung des Stroms, der zwischen zwei Halbleiter-Elektroden fließt. Diese als DRAIN und SOURCE bezeichneten Elektroden sind auf einem Substrat angebracht. Zwischen den Elektroden befindet sich eine dritte Elektrode, das GATE. Dieses Gate ist von den beiden anderen Elektroden durch Siliciumoxid isoliert. Es beeinflusst den Stromfluss zwischen der Drain- und der Source-Elektrode durch ein elektrostatisches Feld. Die Spannung für das Feld liefert eine externe Spannungsquelle.

Bei einem ISFET ist das Gate eine pH-sensitive Schicht, z. B. Siliziumnitrit, Aluminium- oder Tantaloxid. Befindet sich diese Schicht im direkten Kontakt mit Wasserstoffionen, so beeinflussen die Ionen die Spannung des Gates und somit den Strom zwischen der Drain- und der Source-Elektrode.

Um den Stromkreis zu schließen, ist noch eine weitere Elektrode, die Referenzelektrode, notwendig. Das Messergebnis hängt somit wie bei den anderen elektrochemischen Sensoren u. a. vom Verhalten dieser Referenzelektrode ab.

In Abhängigkeit vom Material des Gates weisen ISFET-Sensoren eingeschränkte Messbereiche, eine schlechtere Linearität, in einigen Fällen Lichtempfindlichkeit, geringere Standzeiten und geringere Beständigkeit auf. Eine Vergiftung des Isolators kann schließlich einen Transistordefekt verursachen. Dies sind sicher Gründe dafür, dass ISFET-Sensoren bisher vorwiegend für orientierende Messungen mit Handgeräten in Bereichen der Lebensmittelanalytik und für Labormessungen in der Biologie und Medizin zu finden sind.

2.1.2
Optische Messmethoden

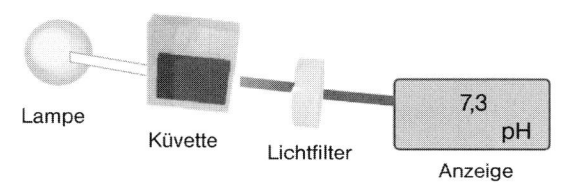

Aufbau eines Photometers zur optischen pH-Messung

Es gibt eine Anzahl von Substanzen, deren Farbe vom pH abhängen. Bekannt ist dieser Effekt z. B. vom Lackmuspapier. In sauren Lösungen ist das Papier rot und in basischen Lösungen ist es blau gefärbt. Je nach pH absorbiert (entnimmt) der Indikator Licht einer bestimmten Wellenlänge (Farbe) und erscheint daher selbst gefärbt. Abhängig von der als Indikator verwendeten Substanz ändert der pH die Farbe oder die Intensität der Färbung. Für die optische pH-Messung sind eine Lichtquelle, ein pH-Indikator und ein Lichtempfänger notwendig.

Der Zusammenhang zwischen der Transmission und dem pH-Wert wird im Lambert-Beersche Gesetz beschrieben.

Kolorimetrie

Diese einfachste optische Messeinrichtung nutzt das Tageslicht als Lichtquelle, einen pH-Indikator und das menschliche Auge als Empfänger. Es genügt, die Wasserprobe in eine Küvette zu füllen und eine Indikatorlösung dazuzugeben. Durch Vergleich der Färbung mit einer Farbskala ist der pH-Wert einfach zu bestimmen. Es ist eine beliebte Messmethode für Einzelmessungen, z. B. in privaten Schwimmbecken.

Hohe Ansprüche kann die Kolorimetrie nicht erfüllen. Der Messwert hängt u. a. vom Tageslicht und dem Farbempfinden des Anwenders ab. Je nach Indikator können Substanzen in der Probe oder einfach nur gelöste Salze Farbverfälschungen verursachen. Der Arbeitsbereich überdeckt häufig nur wenige pH-Einheiten.

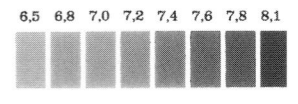

Teststäbchen

Die pH-Messung mit einem Teststäbchen verläuft analog dem kolorimetrischen Verfahren. Der pH-Indikator ist lediglich auf einem Kunststoffstreifen als Träger aufgetragen. Zur Messung genügt es, den Streifen in die zu prüfende Lösung zu tauchen und den pH-Wert durch Vergleich mit einer Farbskala zu bestimmen.

Durch die Kombination mehrerer Indikatoren haben Teststäbchen zum Teil recht große Messbereiche. Neben den von der Kolorimetrie bekannten Problemen kann es beim Teststäbchen durch das Ausbluten des Indikators zu zusätzlichen Messabweichungen kommen.

Photometrie

Auch die photometrische pH-Messung arbeitet nach dem gleichen Prinzip wie die Kolorimetrie. Die Messung der Farbintensität erfolgt hier jedoch mit einem Photometer. Diese Geräte enthalten eine Lampe als Lichtquelle und einen Lichtempfänger. Die photometrische pH-Messung liefert besser reproduzierbare Werte als die Kolorimetrie, und durch die größere Empfindlichkeit des Lichtempfängers auch eine bessere Auflösung der Messwerte. Die Messung mit einem Phenolrotindikator ist eine im Bäderbereich sehr verbreitete Messmethode.

Optische Sensoren

Der optische Sensor eröffnet einige interessante Möglichkeiten für die pH-Messung. Er basiert auf einer lichtleitenden Glasfaser. Die pH-Sensitivität erhält die Faser wiederum durch einen pH-Indikator. Die Faser kann eine Länge von bis zu 100 m haben. Die bei elektrochemischen Sensoren auftretenden elektrischen Störeinflüsse langer Übertragungswege entfallen.

Mit einem Durchmesser bis hinab zu 0,2 mm erfüllt dieser Sensortyp die Anforderungen eines Mikrosensors. Weiterhin ermöglichen optische Sensoren, eine größere Anzahl von Sensoren in einem Messsystem zu einer Einheit zu vereinigen.

Das Ansprechverhalten der Sensoren ist recht gut, allerdings reichen die chemische Beständigkeit und Standzeit nicht an das Leistungsvermögen der zurzeit eingesetzten elektrochemischen Sensoren heran. Die University of South Florida (USA) entwickelte allerdings einen optischen Sensor für die Messung in Salpetersäure $c_{(HNO_3)} = 1$ mol/l und einen weiteren Sensor für Temperaturen bis 120 °C und 3 bar Druck.

Die Messbereiche hängen wie bei allen optischen Messverfahren vom verwendeten Indikator ab und sind daher häufig stark eingeschränkt.

2.2 Glaselektroden-Messketten

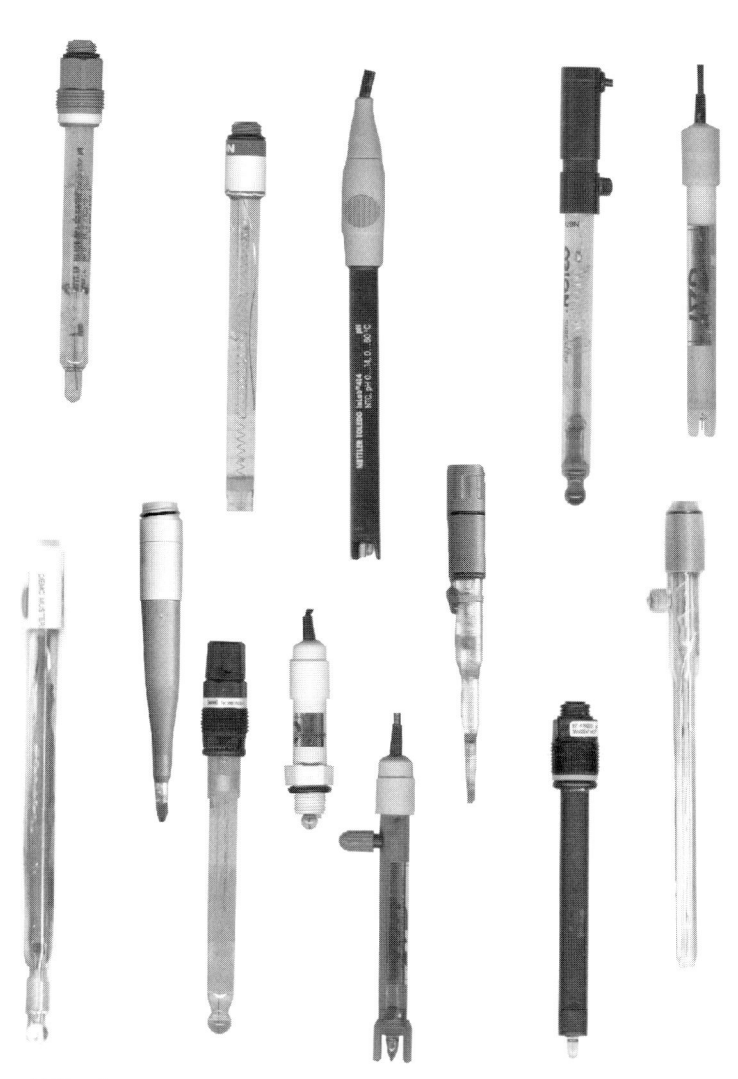

pH-Messketten

Die Glaselektroden-Messkette ist der Standardsensor für die pH-Messung. Es gibt diesen Typ in einer Vielzahl von Ausführungen, für Messungen im Betrieb oder Gelände, kontinuierliche Messungen im Prozess oder die Qualitätssicherung im Labor. Das Spektrum der Proben reicht vom reinsten Wasser bis zum Schlamm, von Bier bis zu Textilien. Die Messbedingungen und Anforderungen bei diesen

2 Messeinrichtungen

Anwendungen führten zu Messketten verschiedenster Bauformen, die jeweils ein bestimmtes Anwendungsgebiet optimal abdecken.

Die Messkette besteht aus einer Glas- und einer Referenzelektrode. Beide Elektroden bilden die Messkette. Sind beide Elektroden in einem Schaft zusammengefasst, so handelt es sich um eine pH-Einstab-Messkette.

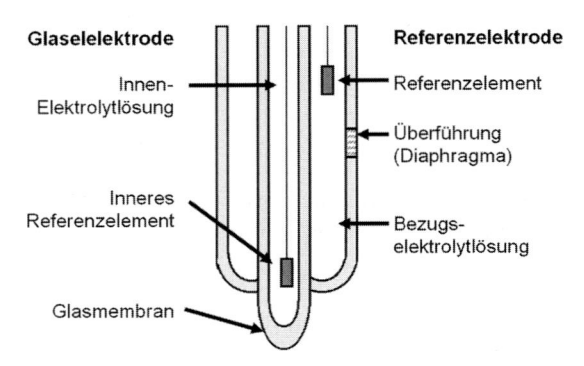

Aufbau einer pH-Einstabmesskette

Die Membranaußenseite ist über
- die Messlösung
- die Überführung
- die Referenzelektrolytlösung
- das Referenzelement und
- das Anschlusskabel

elektrisch mit dem Messgerät verbunden.

Die Membraninnenseite ist über
- die Innenelektrolytlösung
- das innere Referenzelement
- und das Anschlusskabel

mit dem Messgerät verbunden.

2.2.1
Glaselektrode

Bauteile der Glaselektrode sind die Glasmembran, die Innenelektrolytlösung und das Innere Referenzelement.

Glasmembran
Die Membran ist das pH-sensitive Element der Messkette. Es ist ein Spezialglas, das aus ca. 70 % Siliciumoxid und erheblichen Anteilen an Alkali- und Erdalkalioxiden besteht. Zusätze verschiedener drei-

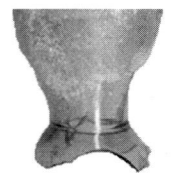

Zerschlagene Kugelmembran

und vierwertiger Metalle verbessern die elektrische Leitfähigkeit und die mechanische Belastbarkeit. Zusätze an Lithium mindern die Querempfindlichkeit gegenüber Störionen (z. B. Alkali- oder Säurefehler).

Literatur: 63

Die Form der Membran wird entsprechend der Anwendung gewählt.

Kugelmembran
Die Kugelmembran ist eine der gängigsten Formen für Messungen in Flüssigkeiten. Sie lässt sich einfach und preiswert herstellen. Bei dieser Form ist es besonders einfach, den elektrischen Widerstand gering zu halten, was besonders bei tiefen Temperaturen ein Vorteil sein kann.

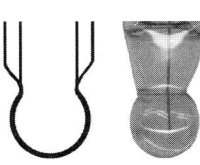

Zylindermembran
Die Zylinderform ist die Standardausführung einer Membran. Sie ist abriebfest, mechanisch robust und hat einen mittleren elektrischen Widerstand.

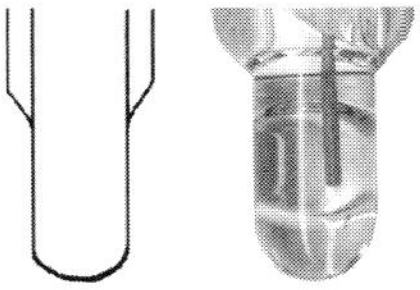

Kalottenmembran
Die Kalottenmembran ist abriebfest und mechanisch sehr robust. Kalottenmembranen sind druckfest und leicht zu reinigen. Diese Membranform ist für Messungen in Flüssigkeiten geeignet.

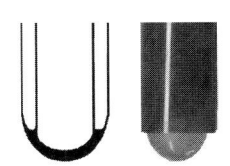

Kegelmembran
Dieser Membrantyp ist geeignet für Messungen in Pasten. Er ist sehr robust, abriebfest, druckfest und leicht zu reinigen.

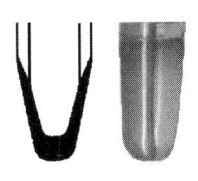

Nadelmembran
Die Nadelmembran ist für Einstichmessungen in halbfesten Medien vorgesehen (z. B. Fleisch oder Käse). Diese Form ist jedoch auch für Flüssigkeiten problemlos nutzbar. Nadelmembranen sind robust und gut zu reinigen.

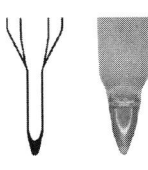

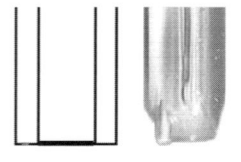

Flachmembran

Die Flachmembran ist für Messungen auf Oberflächen erforderlich. Diese Bauform eignet sich allerdings auch gut für kleine Probenvolumina. Flachmembranen haben aufgrund ihrer kleinen Oberfläche einen hohen Widerstand. Die große Oberflächenspannung macht das Membranglas relativ empfindlich.

Literatur 22, 23, 24, 44

Innenelektrolytlösung

Die Innenelektrolytlösung befindet sich innerhalb der Glaselektrode. Es handelt sich um ein kleines Volumen einer meist neutralen pH-Pufferlösung. Die Puffersubstanz verhindert, dass pH-Änderungen beim Altern der Messkette die Eigenschaften beeinflussen.

Ein Austausch der Innenpufferlösung ist nicht möglich, da sie innerhalb der Glaselektrode eingeschlossen ist.

Messketten, deren Innenableitelektrode durch eine mit Silberchlorid gefüllte Patrone geschützt ist, eignen sich für Messungen bei Temperaturen über 80 °C. Die Messkette arbeitet auch bei Temperaturänderungen fast hysteresefrei. Nach mehrmaligem Aufwärmen und Abkühlen entstehen glänzende Silberchloridkristalle, die jedoch keinen Einfluss auf die Funktion der Messkette haben.

Probleme bereiten Innenelektrolytlösungen mit einem vom Neutralpunkt abweichenden pH-Wert. Es handelt sich hierbei im Allgemeinen um Messketten älterer Bauart. Diese Messketten sind an modernen Messgeräten nicht oder nur mit großem Aufwand verwendbar.

Inneres Referenzelement

Das Innere Referenzelement bildet die elektrische Verbindung zwischen der Innenelektrolytlösung und dem Anschlusskabel. Es ist ein mit Silberchlorid beschichteter Silberdraht, dessen Potential von der Chloridionenaktivität der Innenelektrolytlösung abhängt.

2.2.2
Referenzelektrode

Die Stabilität der Referenzelektrode ist ein wesentlicher Faktor für die Reproduzierbarkeit der Messergebnisse. Von der Bauform der Referenzelektrode hängt u. a. der Wartungsaufwand ab. Bauteile der Referenzelektrode sind die Überführung, der Referenzelektrolyt und das Referenzelement.

Referenzelektrolyt

Der Referenzelektrolyt transportiert die elektrische Ladung zwischen dem Referenzelement und der Messlösung. Es handelt sich bei diesem Elektrolyten in der Regel um Kaliumchlorid, das in unterschiedlichen Medien gelöst sein kann, z. B. in Form

- einer Elektrolytlösung
- eines Elektrolytgels
- eines Elektrolytpolymerisates

Die Wahl der Elektrolytform ist in der Regel nur über die Wahl der Messkette möglich und daher bereits bei der Beschaffung zu berücksichtigen.

Literatur: 15, 45

Referenzelektrolytlösungen

Bei den Referenzelektrolytlösungen handelt es sich, von wenigen Ausnahmen abgesehen, um silberchlorid-gesättigte Kaliumchloridlösungen (silberchloridfreie Lösungen siehe Brückenelektrolytlösungen). Die Kaliumchloridkonzentration beträgt meist $c_{(KCl)}$ = 3 mol/l, häufig kommen aber auch übersättigte Lösungen oder Gele zum Einsatz. Für einige Anwendungen kann auch eine gesättigte Lösung optimal sein. Elektrolytlösungen mit einer Konzentration $c_{(KCl)}$ = 1 mol/l waren früher für Wässer mit geringer Leitfähigkeit notwendig. Heute stehen für diese Aufgabe handliche Messketten mit einer Elektrolytbrücke zur Verfügung.

Eine Elektrolytlösung eignet sich besonders für Messungen im Labor. Elektrolytlösungen haben im Vergleich zu Elektrolytgelen oder Elektrolytpolymerisaten folgende Vorteile:

- reproduzierbarere Messwerte besseres Ansprechverhalten
- besseres Temperaturverhalten
- bessere Langzeitstabilität
- längere Haltbarkeit
- größerer Arbeitsbereich

Labor-Messkette mit Referenzelektrolytlösung, Typ: Orion Ross Ultra Electrodes

Teilorganische Elektrolytlösungen

Elektrolytlösungen mit größeren Anteilen von Ethylenglykol oder Glycerin eignen sich für Messungen bei niedrigen Temperaturen bis ϑ = –10 °C. Auch für Messungen in teil- oder nicht-wässrigen Proben wirkt sich der Zusatz einer organischen Flüssigkeit günstig auf das Messverhalten aus.

Für Messketten, die für den Betrieb mit silberchloridfreien Elektrolytlösungen ausgelegt sind, lassen sich z. B. die folgenden beiden Lösungen verwenden:

2 Messeinrichtungen

Tabelle 2.1 Teilorganische Elektrolytlösungen.

	Elektrolyt mit Ethylenglykol	Elektrolyt mit Glycerin
Wasser	250 ml	300 ml
Kaliumchlorid	65 g	149 g
Ethylenglykol	750 ml	0 ml
Glycerin	0 ml	500 ml

Online-Messkette mit eingedickter Referenzelektrolytlösung der Firma Juchheim (Jumo)

Eingedickte Elektrolytlösungen

Genau genommen handelt es sich auch hierbei um teilorganische Elektrolytlösungen. Die höhere Viskosität der Lösung in Kombination mit der Ausführung der Überführung ermöglicht es, eine Messkette optimal auf die Anwendung einzustellen.

Eine eingedickte Elektrolytlösung in Verbindung mit einem Keramikdiaphragma ist optimal für kontinuierliche Messungen in klaren, wässrigen Lösungen wie Trink- oder Schwimmbeckenwasser.

In Verbindung mit einer Kapillare oder einem Spalt reduziert das Eindicken der Lösung den sonst bei diesen Überführungen zu hohen Elektrolytverbrauch.

Elektrolytgel

Elektrolytgele sind vorwiegend in Messketten für einfache Orientierungsmessungen oder Messungen im Gelände enthalten. Die Messketten eignen sich für Wässer mit Leitfähigkeiten über 300 µS/cm im Bereich von pH = 4 bis pH = 10. Grundsätzlich sind auch Messungen außerhalb dieses Bereiches möglich, besser eignet sich für diese Anwendungen jedoch eine Elektrolytlösung.

Ein Elektrolytgel unterscheidet sich von der eingedickten Lösung zunächst durch eine höhere Viskosität. Das Gel besteht aus Elektrolytlösungen mit Zusatz eines Verfestigungsmittels. Ein großer Überschuss ungelösten Kaliumchlorids sorgt für eine ausreichende Reserve für das Auslaugen des Elektrolyten durch die zu messende Flüssigkeit.

Elektrolytgele haben praktisch keinen Ausfluss. Hierdurch ergeben sich folgende Unterschiede im Vergleich zu einer Elektrolytlösung:

Messkette mit Referenzelektrolytgel vom Typ Orion Economy Line Electrodes

- Während eine offene mit Elektrolytlösung gefüllte Referenzelektrode etwa 6 µmol Kaliumchlorid pro Stunde verliert, so beträgt der Verlust bei einem Elektrolytgel nur etwa 0,1 µmol.
- Eine mit Elektrolytlösung gefüllte Referenzelektrode verträgt keinen Überdruck auf der Seite der Messlösung. Bereits bei wenigen cm Wassersäule dringt Messlösung in die Referenzelektrode ein.

- Bei einem Elektrolytgel sind kurzfristig Überdrücke von wenigen Zehntel bar möglich.
- Bei einer geöffneten, mit einer Elektrolytlösung gefüllten Referenzelektrode behindert der Elektrolytausfluss das Eindringen von Störionen aus der Messlösung. Dieser Schutz entfällt bei Referenzelektroden mit Elektrolytgelen vollständig. Die Diffusion von Ionen findet in beiden Richtungen statt, so dass es leicht zu Störungen am Referenzelement kommen kann.
- Durch den fehlenden Elektrolytausfluss kommt es an der Überführung nach wenigen Minuten zu einer linearen Konzentrationsverteilung zwischen Elektrolytgel und Messlösung. Bereits bei der zweiten Messung steht der Messlösung die Lösung der vorherigen Messung gegenüber. Es können unkontrollierbare Messabweichungen von bis zu einigen Zehntel pH auftreten. Verstärkt tritt dieser Effekt bei höheren Temperaturen auf. Erst nach längerer Lagerung in einer gesättigten Kaliumchloridlösung nimmt diese Störung langsam wieder ab. Da der Inhalt des Diaphragmas in beide Richtungen diffundiert, kann die Störung nicht vollständig verschwinden. Jede Messung hinterlässt eine Spur in der Referenzelektrode.
- Die Verschmutzungen können in die Tiefe des Diaphragmas gelangen und hier bleibende Störungen verursachen. Eine Reinigung kommt weder mit stark alkalischen, noch mit stark sauren Mitteln wie z. B. Membran- oder Diaphragmareinigern in Frage.
- Die hochpolymeren Moleküle des Verfestigungsmittels können das Diaphragma nicht passieren. Teilweise abgebautes, verunreinigtes Gel kann jedoch ins Diaphragma gelangen und hier mehr als eine pH-Einheit.

Weiterhin ist mit thermischen Problemen zu rechnen:

- Einige Messketten enthalten gegen thermische Ausdehnung ein Luftpolster. Höhere Außendrücke komprimieren die Luftblase und es kann bis zu 0,2 ml Messlösung in die Referenzelektrode eindringen.
- Das gleiche Problem verursachen Luftblasen im Gel sowie die unterschiedliche Ausdehnung von Schaft und Gel. Schon bei kleinen Temperaturänderungen treten sehr große Druckänderungen auf. Mehrfache Druckänderungen können das Elektrolytgel gegen Messlösung austauschen. In diesen Fällen verliert das Elektrolytgel weit mehr Elektrolyt als durch die reine Diffusion. Einige spezielle Referenzelektroden enthalten deshalb ein Luftpolster mit einem Druck von 5 bar. Innerhalb dieser Elektroden bleibt der Druck weitestgehend konstant.

- Klassische Gele schrumpfen mit der Zeit unter Wasserabgabe (Synärese). Temperaturen über 60 °C beschleunigen diesen Prozess erheblich.

Probleme bei der Aufbewahrung
Die wässrigen Gele trocknen bei längerer Aufbewahrung ein. Die bei diesem Vorgang entstehenden Risse unterbrechen den elektrischen Kontakt in der Referenzelektrode. Zusätze von Glycerin oder Ethylenglykol helfen den Dampfdruck der Gele zu mindern und somit das Austrocknen zu bremsen.

Probleme bei ionenarmen Lösungen
In Messlösungen mit geringen Leitfähigkeiten $\gamma < 100$ µS/cm ist mit schleichenden Werten zu rechnen. Der elektrische Widerstand der Referenzelektrode kann bis zum zwölffachen Wert erhöht sein.

Haltbarkeit
Die Haltbarkeit ist bei normalen Anwendungen deutlich geringer als bei Elektrolytlösungen, die einfach austauschbar sind.
Bei der Messung diffundiert ein kleiner Teil des Elektrolyten aus der Referenzelektrode. Da ein Ersetzen des Elektrolytverlustes nur im geringen Umfang möglich ist, ist dieser Messkettentyp relativ schnell träge. Lediglich beim Lagern in einer konzentrierten Kaliumchloridlösung diffundiert ein kleiner Teil Kaliumchlorid zurück in das Gel. Ein vollständiges Regenerieren des Gels ist nicht möglich. Mit Elektrolytgel gefüllte Referenzelektroden haben daher auch keine Nachfüllöffnung. Die Messkette ist bei der Auslieferung bereits fertig gefüllt. Ist der Elektrolytvorrat des Gels erschöpft, so ist die Messkette verbraucht, es handelt sich somit um nicht regenerierbare „Einweg"-Messketten.

Literatur: 15

Elektrolytpolymerisat
Polymerisate weisen eine hohe Viskosität auf. Das Polymerisat entsteht durch eine Polymerisation direkt in der Referenzelektrode. Messketten mit einem Elektrolytpolymerisat weisen optimale Eigenschaften für kontinuierliche Messungen in stark verschmutzenden Wässern, wie z. B. Abwasser, auf. Aufgrund der hohen Viskosität genügt ein kleines Loch mit 0,5 bis 1 mm Durchmesser im Messkettenschaft als Überführung.
Weiterhin eignen sie sich aufgrund Ihrer Druckbeständigkeit u. a. für Online-Messungen in druckbelasteten Leitungen und für Profil-Messungen in Seen.

Online-Messkette mit Referenzelektrolytpolymerisat der Firma Mettler-Toledo

Zu beachten ist die Rückdiffusion von Messlösung. Die Referenzelektroden zeigen erhebliche Gedächtniseffekte und sind für Messungen bei Werten unter pH = 3 und über pH = 11 ungeeignet. Im mittleren Bereich hängen die Messabweichungen von der Vorgeschichte der Messkette ab.

Ein weiteres Problem ist eine große Anströmempfindlichkeit, die mit dem Elektrolytverlust deutlich zunimmt.

Der Einsatz von polymerisatgefüllten Referenzelektroden sollte auf den rauen Betrieb oder Messungen mit hohen Drücken beschränkt bleiben.

Literatur: 15

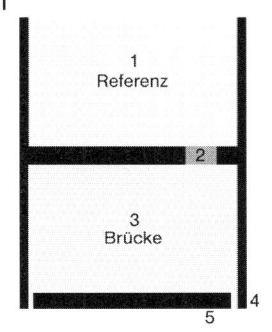

Schema der Elektrolytbrücke:
1 Referenzelektrode
2 Innere Überführung
3 Elektrolytbrücke
4 Äußere Überführung
5 Messlösung

Elektrolytbrücke

Die Elektrolytbrücke schützt die Referenzelektrode vor Alterserscheinungen und Vergiftungen.

Ein Problem herkömmlicher Messketten ohne Elektrolytbrücke ist das in der Referenzlösung gelöste Silberchlorid. Diese Silberverbindung ist für die Funktion des Referenzelementes unverzichtbar. In Verbindung mit einer Anzahl von Substanzen aus der Messlösung führt es aber zu Störungen. In der Überführung können sich schwerlösliche Verbindungen bilden (z. B. Sulfidionen) und diese blockieren. Bereits eine einfache Form der Elektrolytbrücke verhindert diese Reaktionen.

Die Elektrolytbrücke ist ein mit einer Brückenelektrolytlösung gefülltes Gefäß zwischen der Referenzelektrolyt- und der Messlösung. Sie ist mit beiden Lösungen über je eine Überführung verbunden.

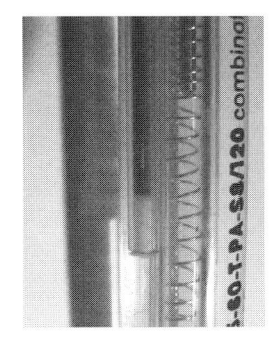

Obwohl bereits mehrere gängige Messkettentypen eine Elektrolytbrücke enthalten, ist der Begriff in vielen Anwendungsbereichen unbekannt. Der Grund liegt im Wesentlichen in der vereinfachenden Beschreibung in den Bedienungs- und Verkaufsunterlagen. Die Brücke ist hier als Referenzelektrode und die Brückenelektrolytlösung als Referenzelektrolytlösung bezeichnet.

Referenzelektrode in einer Patrone

Messketten mit der Referenzelektrode in der Ummantelung besitzen eine kleine Patrone innerhalb der Elektrolytbrücke oder eine silberchloridbeschichtete Silberschicht auf der Innenseite einer Ummantelung der Messelektrode.

Die Referenzelektrode ist mit Silberchlorid und der Referenzelektrolytlösung gefüllt. Über eine Überführung ist die Lösung mit der Elektrolytbrücke verbunden.

Literatur: 15, 46

Referenzelektrode in der Ummantelung der Messelektrode

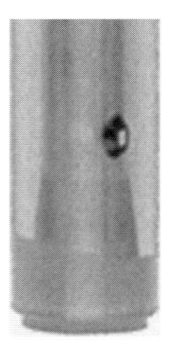

Referenzelektrode mit separat befüllbarer Elektrolytbrücke vom Typ Orion Sure Flow Electrode

Brückenelektrolytlösungen

In Einstab-Messketten wird silberchloridfreie Kaliumchloridlösung verwendet, die gleichzeitig als Referenzelektrolytlösung dient. Die erforderliche Menge Silberchlorid löst die Kaliumchloridlösung selbsttätig aus dem Vorrat der Referenzelektrode. Da diese Silberionen langsam in die Brücke diffundieren, ist ein regelmäßiger Elektrolytwechsel erforderlich um die Brückenelektrolytlösung silberchloridfrei zu halten.

Umfangreicher sind die Möglichkeiten bei Referenzelektroden mit Elektrolytbrücke, bei denen Referenz- und Brückenelektrolyt separat befüllbar sind. Für diese Elektrolytbrücken ist jede Elektrolytlösung geeignet, die weder mit der Referenzelektrode noch mit der Messlösung Störungen erzeugt. Das heißt, die Lösung darf keine schwerlöslichen Verbindungen mit den Elektrolytionen bilden, die Löslichkeit des Kaliumchlorids nicht herabsetzen und keine Substanzen enthalten, die das Referenzelement vergiften können, wie z. B. Sulfide. Für spezielle Anwendungen in sauren Lösungen kann die Brückenelektrolytlösung eine Säure sein.

Ein spezieller Vorteil der Elektrolytbrücke betrifft Lösungen mit einer Leitfähigkeit unter $\gamma = 100\ \mu S/cm$. Früher enthielten die Messketten für diese Anwendung eine silberchlorid-gesättigte Kaliumchloridlösung $c_{(KCl)} = 1\ mol/l$. Bei einer silberchlorid-gesättigten Kaliumchloridlösung $c_{(KCl)} = 3\ mol/l$ ist die Löslichkeit von Silberchlorid aufgrund von Komplexbildung recht hoch. Während der Messung verdünnt das Wasser die Elektrolytlösung und es kommt zu einer störenden Silberchloridausfällung. Bei einer Kaliumchloridkonzentration von $c_{(KCl)} = 1\ mol/l$ ist dieses Problem bereits deutlich geringer und bei einer silberfreien Brückenelektrolytlösung $c_{(KCl)} = 3\ mol/l$ existiert es nicht.

Überführung

Die Überführung ist die Kontaktstelle zwischen zwei Lösungen. Dies können bei der Messkette die Referenzelektrolyt- und die Messlösung, die Referenzelektrolyt- und die Brückenelektrolytlösung oder die Brückenelektrolyt- und die Messlösung sein. Je nach Bauart können ein oder mehrere Diaphragmen, ein Spalt oder eine Kapillare diesen Kontakt zwischen den Lösungen herstellen.

Die elektrische Verbindung zwischen den Lösungen muss einen möglichst kleinen Widerstand haben. Bei einem zu hohen Widerstand, z. B. Aufgrund von Verschmutzung, ist das Messsignal derart instabil, dass eine Messung nicht mehr möglich ist.

Die Ausführung der Überführung regelt auch den Austausch der Lösungen untereinander. Hierbei soll möglichst keine Messlösung in die Referenzelektrode eindringen und der Elektrolytverbrauch sowie der Einfluss von Verschmutzungen minimal sein. Leider widersprechen sich diese Forderungen, so dass nur jeweils auf die spezielle Anwendung optimierte Ausführungen realisierbar sind.

Ein wichtiges Kriterium ist die Menge an Elektrolytlösung, die pro mm² über die Überführung fließt, die Ausflussgeschwindigkeit.

Vorteile einer großen Ausflussgeschwindigkeit sind:
- eine bessere Reproduzierbarkeit der Messergebnisse
- eine geringere Empfindlichkeit gegenüber elektrischen Einflüssen
- eine längere Haltbarkeit der Messkette
- eine geringere Verschmutzungsgefahr der Überführung
- eine geringere Gefahr der Elektrodenvergiftung

Vorteile einer geringen Ausflussgeschwindigkeit sind:
- ein geringerer Verbrauch an Elektrolytlösung
- ein reduzierter Wartungsaufwand

Einige Referenzelektroden enthalten 2 bis 4 Überführungen, um einer totalen Verstopfung vorzubeugen. Die Messkette hat in diesem Fall zwar kleinere Widerstände als nur mit einem Diaphragma, die Verschmutzungsgefahr ist jedoch nicht geringer. Ist eines der Diaphragmen verschmutzt, so kommt es an den noch freien Diaphragmen zu zusätzlichen Störungen.

Literatur: 15, 26, 27, 28, 29, 45

Faserdiaphragma
Dieses einfache, preiswert hergestellte Diaphragma besteht aus einem Bündel nichtmetallischer Fasern. Es ist vorwiegend mit einem Elektrolytgel kombiniert. Messketten mit Faserdiaphragmen eignen sich vorwiegend für Orientierungsmessungen. Störend wirkt ihr schlecht reproduzierbarer Elektrolytausfluss.

Glasfrittendiaphragma
Eine Glasfritte ist für Lösungen mit hohen Salzkonzentrationen, niedriger Leitfähigkeit oder großer Verschmutzungsgefahr geeignet. Die Ausflussgeschwindigkeit ist mit ca. 2 ml/Tag relativ groß. Der Widerstand beträgt etwa 100 Ohm.

Keramikdiaphragma
Dieses Diaphragma ist ein Keramikstift aus einem porösen Material. Das Diaphragma ist in den Schaft der Referenzelektrode eingeschlossen und hat einen Durchmesser von etwa 1 mm. Die Ausflussgeschwindigkeit der Elektrolytlösung ist sehr gering, sie beträgt ca. 0,05 ml/Tag; der Widerstand liegt zwischen 0,5 und

Messkette mit Keramikdiaphragma

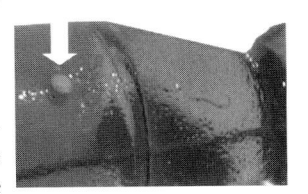

2 kOhm. Keramikdiaphragmen neigen stark zum Verschmutzen, denn die zerklüfteten Hohlräume im Material bilden gute Haftstellen für schwerlösliche Feststoffe.

Platindiaphragma

Das Platindiaphragma besteht aus verdrillten Platindrähten mit 0,03 mm Durchmesser. Bei gleichem Porendurchmesser wie ein Keramikdiaphragma hat es aufgrund glatter Kanäle einen größeren Elektrolytausfluss. Die Verschmutzungsgefahr ist bei den glatten Drähten deutlich geringer als beim Keramikdiaphragma. Die Ausflussgeschwindigkeit der Elektrolytlösung liegt bei 0,2 bis 1 ml/Tag. Das Reinigen des Platindiaphragmas erfolgt chemisch. Eine mechanische Reinigung ist nicht geeignet, da das beim Einschmelzen ausgeglühte Platin sehr weich ist. Für stark reduzierende oder oxidierende Messlösungen sind diese Diaphragmen nicht geeignet.

Kapillardiaphragma

Beim Kapillardiaphragma steuert ein feines Glasröhrchen den Elektrolytausfluss. Ein im Vergleich zum Keramikdiaphragma 100- bis 200-mal größerer Porendurchmesser stellt einen konstanten und reproduzierbaren Elektrolytausfluss und eine kurze Einstellzeit sicher. Messketten mit diesem Diaphragmatyp enthalten im Allgemeinen eine eingedickte Referenzelektrolytlösung, um den Elektrolytverbrauch zu reduzieren. Die Ausflussgeschwindigkeit beträgt bei einer erhöhten Viskosität etwa 0,2 ml pro Tag.

Loch oder „Lochdiaphragma"

In Messketten mit Elektrolytpolymerisaten ist die Viskosität so hoch, dass ein Diaphragma nicht notwendig ist, es genügt somit ein kleines Loch im Schaft der Referenzelektrode, um den Kontakt zwischen Mess- und Referenzlösung herzustellen. Der Vorteil im Vergleich zu anderen Arten der Überführung ist eine relativ große Kontaktfläche und eine entsprechend geringe Empfindlichkeit gegenüber Verschmutzungen. Diese Messketten eignen sich besonders für kontinuierliche Messungen in stark verschmutzenden Flüssigkeiten wie kommunale Abwässer.

Spaltüberführung

Die bekannteste Spaltüberführung ist das „Schliffdiaphragma". Die Referenzelektrolytlösung tritt z. B. durch eine Bohrung im Schliffkern zwischen den Schliffflächen aus. Die Rauigkeit der Schliffflächen sorgt für den Kontakt der Referenzelektrolytlösung mit der Messlösung. Die Ausflussgeschwindigkeit ist mit ca. 2 ml/Tag sehr hoch. Der Andruck des Schliffs bestimmt wesentlich die Ausflussgeschwindigkeit der Elektrolytlösung. Zu empfehlen ist daher ein

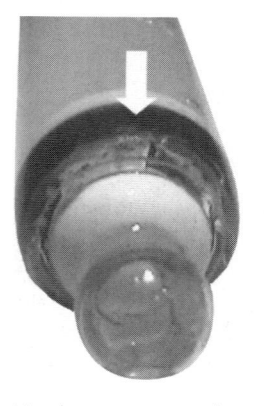

Messkette mit Ringspalt

Diaphragma, das z. B. durch ein Federsystem einen fixierten Schliff hat. Aufgelegte Schliffhülsen erzeugen dagegen eine relativ schlecht reproduzierbare Ausflussgeschwindigkeit.

Gute Schliffdiaphragmen sind für Präzisionsmessungen und Messungen bei kleinen Leitfähigkeiten besonders geeignet. Auch für stark verunreinigende Flüssigkeiten sind sie aufgrund ihrer Unempfindlichkeit vor Verschmutzungen zu empfehlen. Die große Ausflussgeschwindigkeit mindert die Verschmutzungsgefahr. Durch Auseinanderziehen der Schliffflächen ist das Diaphragma leicht zu reinigen.

Literatur: 47

Referenzelement

Das Referenzelement ist ein mit Silberchlorid beschichteter Silberdraht. Es verbindet die Referenzelektrolytlösung mit dem Anschlusskabel. Die Potentiale hängen von der Chloridaktivität der Referenzelektrolytlösung ab.

Geöffneter Schliff eines Schliffdiaphragmas

2.2.3 Verbindung Messkette–Messgerät

Messkettenkopf

Die Messkette ist über den Messkettenkopf (DIN V 19263: Elektrodenkopf) und das Messkettenkabel mit dem pH-Meter verbunden. Der Messkettenkopf hat entweder eine Steckverbindung (Schraubanschluss) oder ein fest kontaktiertes Kabel zum Messgerät. Eine wesentliche Anforderung an die Verbindung zwischen der Messkette und dem Anschlusskabel ist die Dichtigkeit gegen Feuchtigkeit und Schmutz, denn selbst wenig Feuchtigkeit, die in die Verbindung oder das Kabel dringt, schließt die Messkette kurz.

Messkettenkopf mit Steckverbindung

Steckverbindung

Die Steckverbindung ist eine Voraussetzung für viele Online-Anwendungen. Da hier entweder lange Kabel oder fest angeschlossene Kabel am Umformer vorhanden sind, ist der Schraubverschluss die einfachste und praktikabelste Möglichkeit, Messketten zu prüfen oder zu wechseln. Für die Online-Anwendung haben die Messkettenköpfe ein zweites PG 13,5 Einschraubgewinde, um die Messkette einfach in Armaturen, Durchflussgefäße oder -leitungen einschrauben zu können. Ein optimaler Schutz gegen Feuchtigkeit und Schmutz ist eine kontaktlose, induktive Steckverbindung.

Während für reine pH-Messketten weitgehend standardisierte Steckköpfe zur Verfügung stehen, sind die Köpfe der Messketten mit zusätzlichen Funktionen, wie einem integrierter Vorverstärker

Messkettenkopf mit Steckverbindung und PG 13,5 Einschraubgewinde

oder einem Temperatursensor, untereinander in der Regel nicht kompatibel. Ein Expertenkreis der NAMUR entschied sich für das SMEK-System der Firmen Schott, Mettler-Toledo, E&H und Knick zur Vereinheitlichung der Anschlüsse. Dieses System ist seit 1997 auf dem Markt.

Festanschluss

Ein fest angeschlossenes Kabel ist die sicherste Lösung gegen Feuchtigkeitsprobleme für Handmesseinrichtungen in Feld und Betrieb, besonders wenn die Messkette tauchfähig sein soll oder dem Regen ausgesetzt ist. Die Angaben zur Dichtigkeit der Steckanschlüsse (Ausnahme: induktive Verbindung) stimmen in der Regel bestenfalls für eine neue Messkette. Spätestens nach einem oder wenigen Ab- und Anschraubvorgängen ist die Dichtigkeit der Anschlüsse nicht mehr gesichert. An dieser Stelle lohnt sich die etwas höhere Ausgabe für einen Festanschluss. Die Messkette sollte jedoch zusätzlich die Schutzart IP 67 aufweisen. Die DIN 19263 empfiehlt, eine Schutzart von mindestens IP 65 nach DIN EN 60529 sicherzustellen.

Messkettenkopf mit Festanschluss

Literatur: 48

Integrierter Verstärker

Das Messkettensignal hat nur eine sehr geringe elektrische Kapazität. Diese muss ausreichen, das Messkettenkabel zu laden und zu entladen. Je länger das Kabel ist, umso länger dauert die Ladungsänderung und umso langsamer reagiert die Messeinrichtung. Dies trifft auch zu, wenn Verschmutzungen die Membran blockieren und somit die Anzahl der elektrischen Ladungen mindern. Neben der Ansprechdauer nimmt mit der Kabellänge auch die Empfindlichkeit gegen elektromagnetische Störungen zu. Parallel zum Anschlusskabel verlaufende stromführende Kabel oder sonstige Quellen elektromagnetischer Felder erzeugen dann erhebliche Probleme.

Die DIN 19262 empfiehlt daher die Kabellänge auf 50 Meter zu begrenzen. Probleme sind jedoch auch bei erheblich kürzeren Kabeln möglich. Ein Vorverstärker, der im Messkettenkopf oder zumindest in der Nähe der Messkette installiert ist, beseitigt diese Probleme.

Literatur: 46, 49

Speicherfunktion

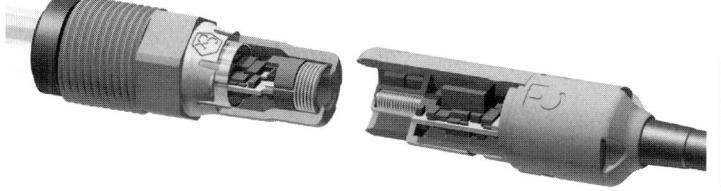

Messkettenkopf mit induktiver Steckverbindung und Speicherfunktion, Firma E&H

Eine weitere Funktion insbesondere für die Online-Messung kann ein im Messkettenkopf integrierter Speicher sein. Dieser Speicher enthält die Messkettendaten, so dass ein Kalibrieren vor Ort oder gegebenenfalls im Labor erfolgen kann. Die Messstelle ist nur kurze Zeit während des Sensorwechsels außer Funktion. Ein zweiter Sensor arbeitet direkt ohne weitere Einstellungen weiter.

Diese Funktion ist für die Routine sehr nützlich, für eine Kalibrierung und Prüfung der gesamten Messeinrichtung unter Betriebsbedingungen ist sie jedoch kein Ersatz.

Praktisch ist dieser Speicher, sofern er Daten zur Identifizierung der Messkette (z. B. Seriennummer) speichert, auch für die Dokumentation zur Qualitätssicherung.

Stecker

An den Messkettenkabeln können unterschiedliche Stecker angebracht sein. Dies kann Schwierigkeiten beim Anschluss der Messkette an ein Fremdgerät bereiten. Für Deutschland gibt es eine Norm DIN 19262, die sicherstellt, dass genormte Stecker an pH-Meter passen, die dieser Norm entsprechen. Heute sind diese Stecker häufig mit einer O-Ringdichtung ausgestattet, um die Steckverbindung sicher gegenüber Feuchtigkeit zu machen.

DIN-Stecker

Messketten- und Gerätehersteller aus den USA führten bei uns den BNC-Stecker ein. Dieser Stecker ist kleiner und preiswerter in der Herstellung.

Sofern ein Messgerät für möglichst viele Messketten nutzbar sein soll, empfehle ich entweder ein Gerät mit einer DIN- oder einer BNC-Buchse.

Literatur: 49

BNC-Stecker

Messkettenkabel

Messkettenkabel mit DIN-Stecker und Steckverbindung

Das Messkettenkabel verbindet die Messkette mit dem pH-Meter. Sofern kein Vorverstärker verwendet wurde, darf während der Messung nahezu kein Strom fließen. Deshalb müssen alle Bauteile einen sehr hohen Widerstand von mindestens 10^{12} Ohm aufweisen. Weiterhin ist das Kabel zur Vermeidung elektromagnetischer Einflüsse mit einer Schirmung umgeben. Es ist daher in der Praxis sehr problematisch ein Messkettenkabel zu verlängern. Eine unsachgemäße Verlängerung oder Reparatur kann die Schirmung unterbrechen, was zu instabilen Messwerten oder zu Schäden an der Messkette führen kann.

Jedes Kabel hat eine elektrische Kapazität. Die Messkette muss das Kabel bei jeder pH-Änderung be- oder entladen. Je länger ein Kabel ist, desto größer ist dessen Kapazität. Hieraus resultiert eine zunehmende Trägheit der Messeinrichtung. Die Kabellänge sollte daher nur wenige Meter betragen.

Schaft

Der Schaft besteht in der Regel aus Glas oder Kunststoff. Glas-Messketten lassen sich gut reinigen und aufgrund der Transparenz ist auch der innere Zustand der Messkette gut zu prüfen. Die Zerbrechlichkeit des Glases beschränkt die Verwendung jedoch auf die Labor- und die stationäre Messung.

Für die mobile pH-Messung ist ein robuster Kunststoffschaft zweckmäßiger. Allerdings überstehen auch diese Messketten einen harten Sturz nur selten unbeschädigt. In der Regel bricht in diesem Fall der Schaft der Glaselektrode innerhalb der Messkette. Leider sind Kunststoffschäfte häufig nicht transparent, so dass derartige Mängel nicht gleich ersichtlich sind.

Eine weitere Bruchstelle können die Schutzzinken sein. Die Erprobung der Messketten eines Herstellers zeigte, dass der Schaft

2.2 Glaselektroden-Messketten

Messkette mit gebrochenem Schutz

Orion abschraubbarer Schutz pH electrodes

von Außen robust ist, eine kleine Belastung von Innen jedoch bei mehreren Messketten sofort zum Bruch führte. Diese Belastung trat auf, als die Schutzkappe beim Aufstecken versehentlich zwischen Zinke und Membran gelangte. Ohne Schutz war nach kurzer Zeit auch die Glasmembran beschädigt.

Ein Problem der Schutzzinken ist, dass der Raum zwischen Schaft und Membran nur schwer zugänglich ist und es zur Verschleppung von Probenmaterial kommt. Sehr nützlich ist in diesem Fall ein aufsteckbarer bzw. aufschraubbarer Schutz.

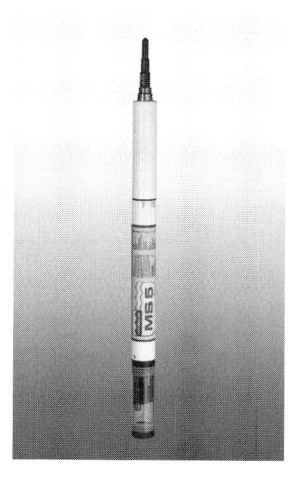

Messwertgeber

Der Geber ist eine armierte Messkette. Die Armatur schützt die Messkette vor mechanischen Belastungen. pH-Geber sind in unterschiedlichen Bauformen erhältlich, z. B.:

- pH-Eintauchgeber für Messungen in Behältern oder Gerinnen
- pH-Durchlaufgeber bestehend aus einem pH-Eintauchgeber und einem Durchflussgefäß für Messungen in Leitungen
- pH-Einbaugeber für den Einbau in Behältern

Messwertgeber für Profilmessungen, Firma Ott

Armatur

Die Armatur ist ein Schaft, der den Messwertgeber mechanisch schützt. Diverse Befestigungselemente und Zubehörteile ermöglichen die Montage an Behältern, in Leitungen und Kanälen. Neben der Messkette kann die Armatur weitere Bauteile wie einen Temperatursensor, einen Verstärker oder eine galvanische Trennung enthalten.

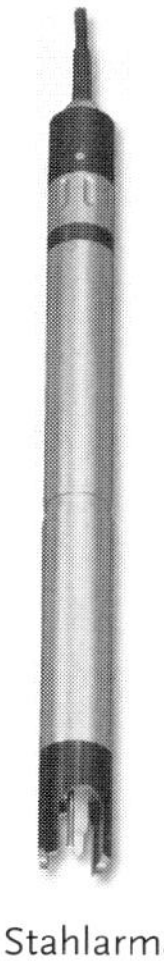

Geber mit Stahlarmatur, Firma WTW

Temperatursensor

Die Temperatur ist ein wichtiger Begleitparameter für die pH-Messung. Zum einen sollte zu jedem pH-Wert der dazugehörige Temperaturwert angegeben sein, zum anderen benötigt das Gerät den Temperaturwert, um den Steilheitswert der aktuellen Messkettentemperatur anzupassen (Temperaturkompensation). Die Eingabe kann zwar bei den meisten Messgeräten manuell erfolgen, komfortabler ist jedoch die automatische Erfassung mit einem Temperatursensor.

Erhältlich sind separate und in die Messkette integrierte Sensoren. Eleganter ist der integrierte Sensor. Kostensparender und flexibler ist der separate Sensor, da die Temperatursensoren deutlich länger halten als die pH-Messkette. Während der Haltbarkeitsdauer eines Temperatursensors können mehrere Messketten erforderlich sein. Da die Temperatursensoren in der Regel unkompatibel mit Fremdgeräten sind, bietet ein separater Temperatursensor mehr Flexibilität. Das getrennte System ermöglicht einen einfachen Wechsel des Lieferanten der pH-Messkette. Messketten mit gängigen Steckertypen sind in der Regel von allen Herstellern lieferbar. Im Falle des Temperatursensors passen entweder die Stecker nicht oder der Widerstand des Temperatursensors weicht ab.

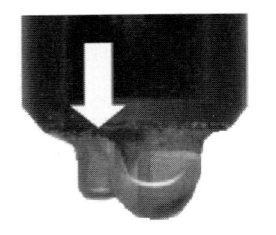

Messkette mit integriertem Temperatursensor (Pfeil)

2.3
pH-Meter

Die Grundfunktion eines pH-Meters ist, die Messkettenspannung (Messsignal) zu messen und aus dem Signal den pH-Wert zu berechnen.

Die technischen Unterschiede der Geräte bestehen im Wesentlichen in der Bauform und in der Art und Ausführung der angebotenen Zusatzfunktionen.

2.3.1
Messfunktion und Ergebnisanzeige

Eingangswiderstand

Für genaue Messungen darf im Messkreis kein Strom fließen. Da während jeder Messung zumindest ein kleiner Strom über das Messgerät fließt, ist diese Forderung in der Praxis nicht erfüllbar. Um den Einfluss des Messstromes vernachlässigbar klein zu halten (unter 1 Promille), muss der Eingangswiderstand des pH-Meters mindestens 10^{12} Ohm betragen. Derart hohe Widerstände lassen sich z. B. mit einem Operationsverstärker erreichen.

Auflösung

pH-Meter sind mit einer Auflösung von 0,001 bis 0,5 pH-Einheiten erhältlich. Bei dieser Angabe ist für die meisten Anzeigen lediglich die letzte Ziffer mit ± 1 unsicher. Einen pH-Wert von 5,18 kann das pH-Meter also als 5,17 oder auch als 5,19 anzeigen.

Die interne Auflösung und damit die Unsicherheit der Spannungsmessung ist bei einigen Geräten um den Faktor 10 besser als bei anderen Geräten. Das Verhältnis der Auflösung zur erforderlichen Ergebnisunsicherheit soll 1 : 10, mindestens jedoch 1 : 3 betragen.

Beispiele:
- Unsicherheit $U ± 0,2$ Auflösung $\Delta pH \leq 0,02$
- Unsicherheit $U ± 0,02$ Auflösung $\Delta pH \leq 0,002$

Auflösung einer Digitalanzeige mit 2 und 3 Nachkommastellen

Anzeigen

LCD-Anzeige

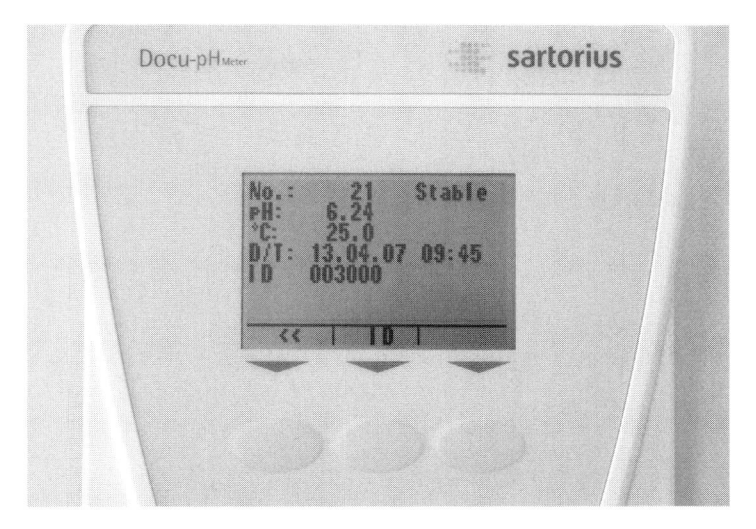

pH-Meter mit LCD-Anzeige

Die LCD-Anzeige (liquid crystal display = Flüssigkristall-Anzeige) ist energiesparend und preiswert. Sie ist heute in nahezu allen pH-Metern enthalten. Optimal ist sie für netzunabhängige Batterie- und Akkugeräte. Für eine flexible und sehr aussagekräftige Darstellung der Messwerte und Benutzerführung eignen sich besonders die großen Matrixdisplays.

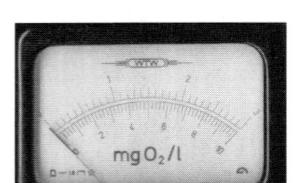

Analoges Zeigerinstrument

*pH-Stickgerät
Typ: Eutech WP pH Spear*

LED-Anzeige
Die selbstleuchtende LED-Anzeige (light emission diode = Licht-Emissions-Diode) ist, aufgrund des Preises und des relativ hohen Energieverbrauchs, fast nur noch in älteren Geräten enthalten. Diese selbstleuchtende Anzeige ist besonders bei schwierigen Lichtverhältnissen, z. B. in der Dunkelkammer eines Fotolabors, gut lesbar.

Zeigerinstrument
Analoge Anzeigen sind heute nur noch selten zu finden. Sie eignen sich besonders für pH-Titrationen. Diese Form der Anzeige gibt den Titrationsverlauf besonders gut wider.

2.3.2
Bauformen

Die Palette der Bauformen reicht vom preiswerten pH-Stick bis zur Multiparametermess- und Regeleinrichtung.

Stickgeräte
Stickgeräte sind kleine, handliche Messgeräte für die orientierende Messung vor Ort. Die Messkette ist fest mit dem Gerät verbunden. In der Regel batterieversorgt, passen die Geräte in die Hemdtasche und können jederzeit verfügbar sein. Die Funktionen sind auf ein Minimum beschränkt, so dass auch die Bedienung kein größeres Problem darstellt.

Ein Nachteil ist sofort ersichtlich, wenn es um Messungen im Gelände oder im Betrieb, insbesondere in Becken und Kanäle geht: hier fehlt das Kabel. Für Messungen mit diesen Geräten muss die Messstelle gut zugänglich sein. Allerdings ist auch dann die erforderliche gebückte oder kniende Haltung bei der Messung sehr unangenehm. Dies führt leicht zu einer zu frühen Messwertannahme und somit zu einer schlechten Reproduzierbarkeit der Messung. Bei hochwertigeren Stickgeräten ist daher auch der Anschluss einer Messkette mit Kabel vorgesehen, womit das Stick- zum Handgerät wird.

Neben den Stickgeräten mit Glaselektrodenmesskette gibt es auch Geräte mit einer robusten Antimonmesskette für Messungen direkt im Boden, mit schnellen ISFET-Sensoren für den Lebensmittelbereich oder mit Einweg-Chinhydronsensoren für Proben, bei denen die Verschleppung von Probenmaterial eine Rolle spielt. Bei den letztgenannten Geräten befindet sich die Chinhydronelektrode in einer Einweg-Pipettenspitze.

Handgeräte
Handmessgeräte sind mit den meisten Labormessgeräten technisch gleichwertig. Der wesentliche Unterschied liegt darin, dass

diese Geräte handlicher und häufig auch robuster sind, also besser an die Witterung angepasst sind als Laborgeräte. Es gibt batterie- und akkubetriebene Geräte. Einige Geräte sind zusätzlich für den Netzbetrieb ausgelegt. Die Messkette ist über ein Kabel mit dem Gerät verbunden und somit in den meisten Fällen angenehmer zu bedienen als Stickgeräte. Obwohl viele Handgeräte im Labor zu finden sind, ist die vorgesehene Anwendung die Messung im Gelände oder im Betrieb.

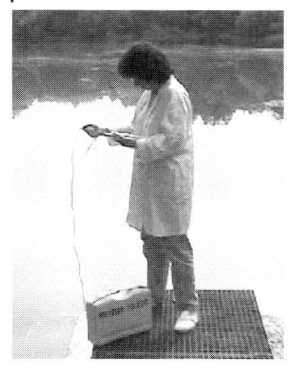

Handgeräte sollen ein möglichst geringes Gewicht haben und sicher zu halten sein. Diese Eigenschaften erleichtern nicht nur den Transport, sondern mindern auch die Gefahr, dass ein Gerät aus den Händen gleitet.

Unterwegs sind die Geräte mehr oder weniger starken Erschütterungen, Stößen, wechselnden Temperaturen, hoher Luftfeuchtigkeit und manchmal auch Regen ausgesetzt. Nach der Messung kann weiterhin eine gründliche Reinigung unter fließendem Wasser notwendig sein. Um diese Bedingungen zu überstehen, sollte ein Handmessgerät mindestens die Schutzarten IP 66 und IP 67 aufweisen, d. h. die Geräte sind spritzwasserfest und in Wasser tauchfähig. Für sehr raue Bedingungen kann zusätzlich eine elastische Armierung nützlich sein.

Voraussetzung für die mobile Messung ist auch eine Batterie- bzw. Akkuversorgung. Optimal ist eine alternative Versorgung über das Netz. Die Standzeit der Batterien hängt deutlich vom Hersteller ab. Zurzeit sind Geräte mit Standzeiten zwischen 50 und 15 000 Stunden erhältlich. Bei den sehr großen Standzeiten ist zu berücksichtigen, dass es auch eine Garantiezeit für die Batterien gibt, nach der die Batterien auslaufen können und das Gerät gegebenenfalls Schaden nimmt.

Insbesondere wenn die Tauchfähigkeit eine besondere Rolle spielt, z. B. die Möglichkeit besteht, dass das Messgerät in ein Becken oder einen Kanal fällt, sollte das pH-Meter über ein separates Batteriefach verfügen. Handgeräte, bei denen die Batterien direkt neben der Elektronik angebracht sind, können schon nach wenigen Batteriewechseln undicht sein.

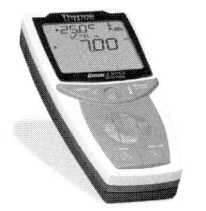

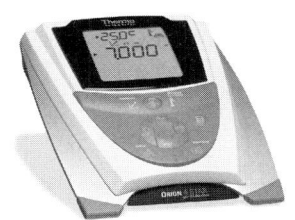

Orion Star Series Meters
Oben: Handgerät
Unten: Tischgerät

Laborgeräte/Tischgeräte
Laborgeräte sind mit wenigen Ausnahmen reine Netzgeräte. Standard-Tischgeräte enthalten heute die Elektronik von Handmessgeräten in einem speziellen Gehäuse.

Zwischen einem Standard-Tischgerät und einem Handmessgerät gibt es häufig keine messtechnischen Unterschiede. Ein Handgerät mit zusätzlicher Netzversorgung ist dem Tischgerät sogar überlegen, da es auch mobil nutzbar und in einigen Fällen auch robuster ist.

Interessant sind Tischgeräte, die zusätzliche Funktionen für die Qualitätssicherung bieten.

Gemäß DIN V 19268:2006 soll ein Laborgerät zumindest folgende Funktionen aufweisen:

- Auflösung des pH-Wertes entsprechend den Anforderungen an die Unsicherheit
- Auflösung des Spannungswertes, entsprechend den Anforderungen an die Unsicherheit
- Anzeige der Temperatur der Messlösung
- Messkettennullpunkt (Offsetspannung)
- Messkettensteilheit (Empfindlichkeit)

Kleines Tischgerät der Firma Sartorius

Die geklammerten Ausdrücke sind nicht gefordert, können jedoch als Alternative dienen.

Literatur: 21

Stationäre Messumformer

Messumformer sind pH-Meter für kontinuierliche Messungen. Sie können als Einschub in einer Schalttafel oder in einem robusten Gehäuse im Freien an der Messstelle angebracht sein.

Der Messumformer gibt das Messsignal an eine Registrier- und/oder Regeleinrichtung weiter. Eine wichtige Eigenschaft ist daher eine zuverlässige Datenübertragung. Während Hand- und Tisch-Messgerät – wenn überhaupt – nur über Spannungsausgänge verfügen, so bieten Messumformer Stromausgänge und spezielle BUS-Systeme.

Ein Messumformer sollte folgenden Mindestanforderungen entsprechen:

Messumformer der Firma Juchheim

Ausgangsstrom
- eingeprägter Strom Bereich:
  $I = 0$ mA bis $I = 20$ mA
  $I = 4$ mA bis $I = 20$ mA
- Überbereich für Meldungen: $I > 21$ mA
- Max. Messabweichung: $I < 0{,}3$ %
- Ausgangsleistung: $P \geq 40$ mW bei $I = 20$ mA

Auflösung der Anzeige
- pH-Wert: $\Delta pH = 0{,}01$
- Spannung: $\Delta U = 1$ mV
- Temperatur: $\vartheta = 0{,}1$ °C

Funktionen
- Justierfunktion für den Messkettennullpunkt
- Empfindlichkeitsanpassung (Steilheitsanpassung)
- Einstellmöglichkeit für die Panne des Ausgangsstrombereiches
- Temperaturkompensation

Galvanische Trennung
Eingang und Ausgang müssen galvanisch getrennt sein.

Isolationswiderstand
Anschluss gegen Erde: $R \geq 10$ MΩ ausweisen.

Gehäuseschutzart
- Gelände: Schutzart mindestens IP 65
- Schalttafel: Schutzart mindestens IP 54 (von vorn im eingebauten Zustand)

Mobile Messumformer
Diese Messgeräte eignen sich besonders zur Überwachung von Einleitstellen, z. B. an Flüssen oder Abwasserkanälen. Besonders leistungsfähige Akkus erlauben einen mehrwöchigen, netzfreien Dauerbetrieb. Das Gehäuse ist wetterfest und besonders robust. Zum Aufzeichnen der Messwerte ist ein entsprechender Datenspeicher eingebaut.

Multiparametergeräte
Die pH-Messung gehört zum Gebiet der potentiometrischen Verfahren. Ein pH-Meter mit Spannungsanzeige eignet sich daher auch prinzipiell zur Messung anderer potentiometrischer Größen, wie die Redoxspannung oder Messungen mit ionenselektiven Elektroden. Es genügt eine entsprechende Messkette und das Auswerteverfahren, das in einigen Geräten bereits enthalten ist.

Multiparametergeräte bieten darüber hinaus auch weitere elektrometrische Größen, wie die Leitfähigkeits-, Sauerstoff- oder DEAD-STOP-Titrationen. Auch sind pH-Meter in Kombination mit Photometern erhältlich.

2.3.3 Unterstützende Funktionen

Neben der reinen Messfunktion bieten besonders Mikroprozessor-pH-Meter zusätzlich Funktionen, die den Anwender unterstützen sollen.

Justierfunktion

pH-Meterhersteller bezeichnen in der Regel die Justierfunktion und das Justieren, irrtümlich als Kalibrierfunktion und Kalibrieren. Hieraus resultieren relevante Fehler beim Messablauf.

Zum Kalibrieren dient die pH-Messfunktion des Gerätes. Beachten Sie bitte den Abschnitt „Kalibrieren" im Kapitel „pH-Messung".

Für das Justieren beachten Sie bitte den Abschnitt 3.4.3 „Justieren", aber auch den Abschnitt 3.3 „Kalibrieren" im Kapitel „pH-Messung".

Mikroprozessorgeräte bieten je nach Ausführung Verfahren für die

- Einpunktjustierung
- Zweipunktjustierung
- Mehrpunktjustierung

Eine nähere Betrachtung dieser Gerätefunktion ist an dieser Stelle aufgrund des fehlerhaften Ansatzes wenig sinnvoll. Die Argumente: „Das machen alle so" und: „Das steht selbst in den Normen" stimmen, lassen jedoch übergeordnete Regelungen zur Qualitätssicherung unbeachtet.

Temperaturmessfunktion

Der pH-Wert ist von der Temperatur der Messlösung abhängig. Zu jedem pH-Wert gehört daher der entsprechende Temperaturwert. Um eine korrekte Ergebnisdokumentation zu erleichtern, sollte das pH-Meter über eine Temperaturmesseinrichtung verfügen und den Temperaturmesswert möglichst parallel mit anzeigen.

Die Auflösung der Temperaturmessung sollte $\Delta\vartheta \pm 0,1$ K betragen.

Die meisten pH-Meter sind bereits für den Anschluss eines Temperatursensors ausgerüstet. Allerdings sind die Sensoren der verschiedenen Hersteller nur selten kompatibel. Neben unterschiedlichen Steckern kommen die unterschiedlichsten Temperaturwiderstände zum Einsatz, z. B. die genormten Widerstände Pt 1000 und Pt 100 oder auch die nicht genormten Widerstände NTC 10 und NTC 30.

Temperaturkompensationsfunktion

Die Temperatur beeinflusst nicht nur das pH-Verhalten der Messlösung, sondern auch das Messverhalten der pH-Messkette, so hängen z. B. die Kalibrierdaten für die Offsetspannung und die Steilheit von der jeweiligen Temperatur der Messkette ab. Die Größe des Temperatureinflusses wird bestimmt durch

- den Temperaturunterschied zwischen Kalibrier- und Messlösung
- den Abstand des pH-Wertes vom Kettennullpunkt (pH = 7)
- die Zusammensetzung der Messlösung
- den Typ und den Zustand der Messkette

Ein genaues Temperieren der Proben ist zeitraubend und bei Messungen vor Ort häufig nicht möglich. Viele pH-Messgeräte enthalten daher eine Funktion zur Temperaturkompensation. Das Messgerät passt hierbei die Steilheit der Messkette dem gemessenen oder auch eingestellten Temperaturwert an. Das Verfahren setzt ein ideales Verhalten der Messkette voraus und lässt alle anderen temperaturabhängigen Größen außer Betracht. Daher eignet sich die Temperaturfunktion lediglich zur Minderung des Temperatureinflusses.

Üblicherweise erhält das pH-Meter den Temperaturwert über die Temperaturmessfunktion des Gerätes. Alternativ ist häufig eine manuelle Eingabe des Temperaturwertes möglich.

Sofern bei einem pH-Meter kein Temperatursensor angeschlossen ist, sollte stets geprüft werden, ob der eingestellte Temperaturwert dem der Messlösung entspricht. Die voreingestellten Temperaturwerte sind in der Regel $\vartheta = 20\ °C$, oder $\vartheta = 25\ °C$. Weicht dieser Wert von der Temperatur der Messlösung ab, so arbeitet das Messgerät mit einem falschen Steilheitswert. Der Einfluss auf die Messabweichung ist bei pH = 7 praktisch gleich null, er nimmt jedoch bei zunehmenden Abstand des pH-Wertes vom Neutralpunkt zu.

Stabilitätskontrollfunktion
Für gewöhnlich bleibt es dem Anwender überlassen zu beurteilen, ob der angezeigte Messwert stabil ist. Für Qualitätsmaßnahmen und insbesondere zur Berechnung der Unsicherheit sind nachvollziehbare Bedingungen erforderlich, um die Stabilität des Messkettensignals zu beurteilen.

Für diesen Zweck bieten die Geräte eine Stabilitätskontrollfunktion. Das pH-Meter prüft hierfür die Änderung der Messkettenspannung innerhalb eines festgelegten Zeitraumes. Sobald ein festgelegtes Stabilitätskriterium erreicht ist, zeigt es den Wert als stabiles Ergebnis an.

Die Reproduzierbarkeit der Werte hängt wesentlich vom Zeitintervall, der Spannungsänderung und der Anzahl der Messwerte innerhalb des Zeitintervalls ab.

Zeitintervall

Je größer das Zeitintervall, also die Beobachtungsdauer, desto zuverlässiger ist das Resultat der Stabilitätskontrollfunktion und desto kleiner ist die Abweichung vom Endwert der Messung.

Bei einem zu kleinen Zeitintervall besteht eine hohe Wahrscheinlichkeit, dass das pH-Meter den Wert zu früh annimmt, z. B. aufgrund eines Wendepunktes der Funktion des Einlaufverhaltens.

Spannungsintervall

Üblich ist ein Wert von $\Delta U = 1$ mV oder $\Delta U = 0{,}1$ mV. Selbstverständlich führt ein Wert von $\Delta U = 0{,}1$ mV zu zuverlässigeren Werten. Unter stabilen Laborbedingungen liefert ein derartiges Gerät, sofern das Zeitintervall optimiert ist, gute Resultate. Ein Problem besteht, sofern der Wert $\Delta U = 0{,}1$ mV für Feld- und Betriebsmessungen verwendet wird. Jede kleine Unruhe verhindert die Annahme des Wertes.

Anzahl der Messwerte

Je mehr Werte dem pH-Meter für die Auswertung innerhalb des Zeitintervalls zur Verfügung stehen, desto zuverlässiger kann es die Stabilität des Messkettensignals beurteilen. Aufgrund einer Energiesparschaltung kann bei einem Handgerät eine zu geringe Wertezahl für die zuverlässige Beurteilung der Messsignalstabilität vorliegen.

Tabelle 2.2 Bewährte Stabilitätskriterien.

Kriterium	Standardunsicherheit
1 mV/30 Sekunden	2,3 mV
1 mV/Minute	1,2 mV
0,1 mV/Minute	0,8 mV
0,1 mV/2 Minuten	0,4 mV
0,1 mV/5 Minuten	0,2 mV

Unbrauchbare Kriterien

Bei der heute häufig verwendeten Kombination eines zu empfindlichen Spannungsintervalls mit einem zu kurzen Beobachtungsintervall ist das Messergebnis nahezu ein Zufallsergebnis.

Bei einigen Geräten scheint der Entwickler dem Irrtum unterlegen zu sein, dass ein Kriterium von 0,1 mV/3 Sekunden das gleiche ist, wie 1 mV/30 Sekunden. Während 1 mV/30 Sekunden ein verwendbares Kriterium ist, ist bei einem Kriterium von 0,1 mV/3

Sekunden die Spannung zu empfindlich und die Dauer zu kurz. Die Werte passen nicht zusammen. Ein so eingestelltes pH-Meter kann höchstens Zufallszahlen erzeugen. Bei einigen Herstellern sollen die kurzen Zeitintervalle anscheinend auch über die Trägheit ihrer Billigmessketten hinwegtäuschen.

HOLD-Funktion
Diese Funktion ist insbesondere für Stickgeräte eine nützliche Funktion. Ist die Messwertanzeige aufgrund der Lage der Messstelle nicht sichtbar, bleibt der Anzeigewert nach Drücken der HOLD-Taste in der Anzeige fixiert.

Es handelt sich hierbei jedoch nicht um eine Stabilitätskontrollfunktion. Das Beurteilen der Stabilität bleibt somit der Erfahrung und dem Gefühl des Anwenders überlassen. Dies ist besonders schwierig, wenn der Anwender den Messwert bei der Übernahme nicht sehen kann.

Messkettenbewertung
Diese Funktion soll den Anwender über den Zustand der Messkette informieren. Dies kann in Form einer Meldung, dass ein Kalibrierdatum (Steilheit oder Nullpunkt) überschritten ist oder durch die Anzeige eines Symbols (Balken, Smily usw.) erfolgen.

Die Bewertungskriterien haben keine Unsicherheitsangaben und geben daher keine Garantie für korrekte Messungen. Sie können dem Anwender im Gegenteil eine Qualität vorgaukeln, die nicht gegeben ist.

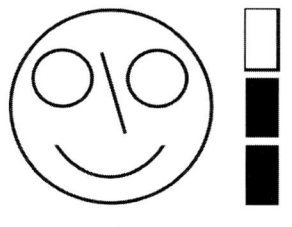

Zustandsmeldung in Form von Smily und Balken

Messwertspeicher
Messwertspeicher können unterschiedliche Funktionen haben. Nahezu wertlos ist es, einfach nur die Ergebnisse zu speichern. Eine anschließende Auswertung der gespeicherten Werte ist dann eine aufwendige wenn nicht undurchführbare Aufgabe.

Für Einzelmessungen muss das Gerät zumindest folgende Daten speichern:

- Datum
- Uhrzeit
- Identifizierung des Messortes, der Probe usw.

Soll der Speicher als Logger dienen, reichen Datum und Uhrzeit der Messungen. Im Allgemeinen verwenden die Geräte starre Zeitintervalle zum Loggen, hilfreicher ist jedoch eine ereignisabhängige Speicherfunktion.

Der Unterschied liegt darin, dass der Anwender bei einem festgelegten Zeitintervall häufig viel Speicher für Zeiträume verwendet, in denen nichts passiert. Ein Ereignis wird dagegen aufgrund der wenigen Werte nur unvollständig erfasst. Bei einem ereignisabhängigen Speicher regelt die Änderung des Messsignals die Häufigkeit der Speicherungen. Bei gleichbleibendem Signal speichert das Gerät nicht. Bei Änderungen werden die Werte mit kürzesten Messintervallen gespeichert.

Für die Qualitätssicherung muss das Gerät zusätzlich Werte wie die Gerätenummer, die Messkettennummer und eine Identifizierung des Anwenders speichern.

Funktion zum Austausch der Referenzelektrolytlösung

Ein spezielles pH-Meter-Modell enthält einen Vorrat an Bezugselektrolytlösung. Das Betätigen eines Druckknopfes drückt frische Elektrolytlösung durch einen Schlauch in die Referenzelektrode. Dies ermöglicht einen einfachen Austausch der Elektrolytlösung.

Differenzmessung

Der Begriff Differenzmessung fasst verschiedene Messverfahren zusammen:

- Vergleich der Messwerte zweier Messketten bei der kontinuierlichen Messung, die Differenz der Messwerte dient als Kontrollgröße für die Funktionsfähigkeit der Messeinrichtung.
- Bestimmung der Differenz zwischen zwei Messpunkten einer Messstrecke, das Verfahren eignet sich besonders zur Messung geringer pH-Änderungen.

Das Messgerät muss für diese Messverfahren mit zwei hochohmigen Eingängen ausgestattet sein. Je nach Verfahren sind zwei pH-Messketten, zwei Messelektroden und ein Erdungsstab oder eine Zweistab-Messkette mit Erdungsstab angeschlossen.

Bei zwei angeschlossenen Messketten sind die beiden Referenzelektroden kurzgeschlossen. Das Messgerät behandelt die beiden Messketten wie eine einzelne Messkette.

2.4 Pufferlösungen

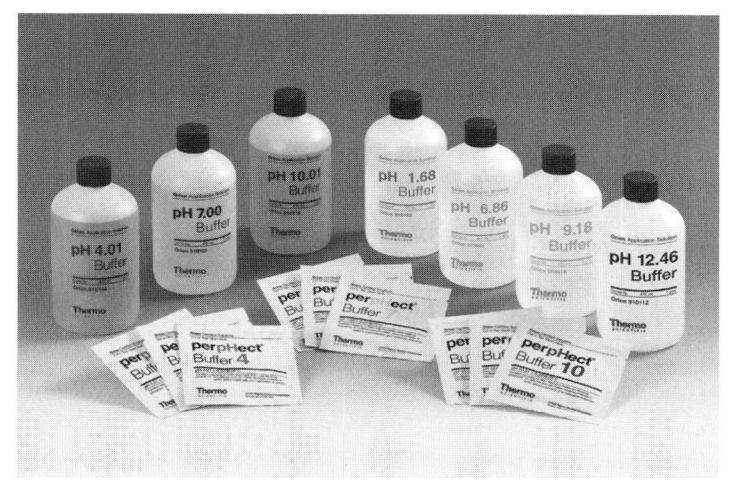

pH-Pufferlösungen die Stützen der pH-Skale

Zum Kalibrieren und Justieren des pH-Meters sind Referenzlösungen mit bekannten pH-Werten erforderlich. Im Allgemeinen handelt es sich um Lösungen von pH-Puffersubstanzen. Diese Lösungen halten ihren pH-Wert für längere Zeit konstant. Die Puffersubstanzen verhindern u. a., dass an der Messkette haftendes Spülwasser oder Verunreinigungen den pH-Wert der Referenzlösung ändern.

Wichtige Kenngrößen der Referenzpufferlösungen sind der pH-Wert und dessen Unsicherheit, der Pufferwert β und der Verdünnungseinfluss.

Der Pufferwert β sagt aus, wie groß die Kapazität ist, saure oder basische Verunreinigungen abzupuffern. Je größer der Pufferwert ist, desto weniger ändern saure oder basische Verunreinigungen den pH-Wert der Lösung.

Der Verdünnungseinfluss entspricht der pH-Änderung der Lösung, die beim Verdünnen mit der gleichen Menge reinen Wassers (1 + 1) auftritt. Der Wert hat ein positives Vorzeichen bei einer Zunahme und ein negatives Vorzeichen bei einer Abnahme des pH-Wertes.

Einzelportionierte Pufferlösung der Firma Mettler Toledo

Literatur: 30

2.4.1
Zertifiziertes Referenzmaterial (ZRM)

Akkreditierte Laboratorien müssen auf nationale Normale rückführbares, zertifiziertes Referenzmaterial zur Kalibrierung verwenden. Alle anderen Anwender sollten dieses Material verwenden, zumindest sofern die Kalibrier- und Messergebnisse extern verwendet werden.

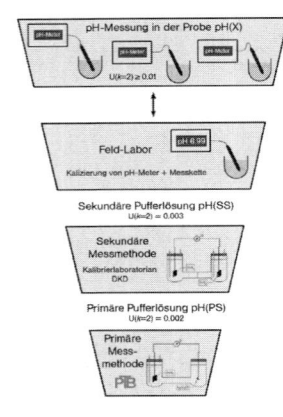

Rückführbarkeit

Rückführung bedeutet eine geschlossene Kette von den eigenen Messwerten bis zum Wert des nationalen Normals, einem besonders genauen Standard.

Das nationale Normal wird für den jeweiligen Staat vom zuständigen metrologischen Institut festgelegt. In der pH-Messtechnik sind es die primären Referenzpufferlösungen. Die Festlegungen zu den Referenzpufferlösungen und die Rückführung der pH-Werte beschreibt die Norm DIN 19266. Das in Deutschland zuständige Metrologische Institut ist die „Physikalische Technische Bundesanstalt" (PTB). Es bestimmt die pH(PS)-Werte der primären Referenzpufferlösungen.

Ein entsprechend akkreditiertes Laboratorium kann durch eine Vergleichsmessung mit den primären Referenzpufferlösungen die pH-Werte sekundärer Referenzpufferlösungen rückführbar machen. Diese sekundären Referenzpufferlösungen sind preiswerter als die primären Referenzpufferlösungen und zusammen mit einem Kalibrierschein des akkreditierten Laboratoriums, z. B. eines Chemikalienherstellers, kommerziell erhältlich.

Der Anwender benutzt in der Praxis meist Arbeits-Referenzpufferlösungen bzw. Technische Pufferlösungen. Die Rückführung erfolgt in diesem Fall über die Kette:

- pH-Wert der Messlösung →
- pH-Wert der Arbeits-Referenzpufferlösungen →
- pH-Wert der sekundären Referenzpufferlösung →
- pH-Wert der primären Referenzpufferlösung

Für jeden Schritt addiert sich die Unsicherheit des jeweiligen Messverfahrens zur Unsicherheit der primären Referenzpufferlösung.

Literatur: 18

Primäre Referenzpufferlösungen

Die Zusammensetzung dieser Referenzpufferlösungen entspricht der Norm DIN 19266. Die Bestimmung der pH-Werte erfolgt mit einem speziellen Messverfahren. Aus diesem Grund bezeichnet man ihre pH-Werte als pH(PS)-Werte. Die Messung der pH(PS)-Werte erfolgt durch metrologische Institute. Die PTB verwendet für diesen Zweck folgende Messeinrichtung: Sie besteht aus zwei temperierten Bädern mit einer auf $\vartheta = \pm\, 0{,}005$ K konstanten Temperatur. In den Bädern befindet sich je eine elektrochemische Messzelle. Diese Messzellen bestehen aus je einer Platin-Wasserstoff-Elektrode und einer überführungsfreien Silber-Silberchlorid-Referenzelektrode.

Die Unsicherheit liegt bei max. ± 0,005 pH-Einheiten im Bereich von 0 °C bis 60 °C und maximal ± 0,008 pH-Einheiten im Bereich von 60 °C bis 90 °C.

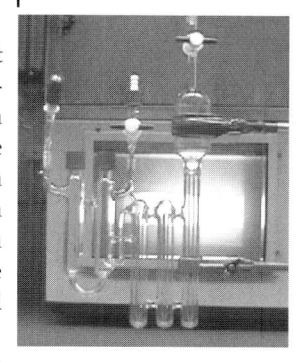

pH-Messung in Thermostaten bei der Physikalisch Technischen Bundesanstalt (PTB)

Sekundäre Referenzpufferlösungen

Die Zusammensetzung der sekundären und der primären Referenzpufferlösungen ist identisch. Der Unterschied zwischen den Lösungen besteht darin, dass die Messung des Referenzwertes bei der sekundären Lösung durch eine Vergleichsmessung gegen eine primäre Referenzpufferlösung erfolgt. Die Messung führt ein akkreditiertes Laboratorium aus. Für die Vergleichsmessungen ist eine spezielle Messeinrichtung vorgeschrieben.

Die Messeinrichtung enthält zwei streng isotherme Zellen. Beide Zellen sind durch eine Glasfritte P 40 nach ISO 4793:1980 verbunden. In die primäre und die sekundäre Referenzpufferlösung tauchen zwei identische Platinwasserstoffelektroden mit exakt gleichem Wasserstoffdruck ein. Der Hersteller liefert die Referenzmaterialien mit einem Zertifikat, in dem die pH(PS)-Werte der betreffenden Chargen dokumentiert sind.

pH-Messzelle der PTB

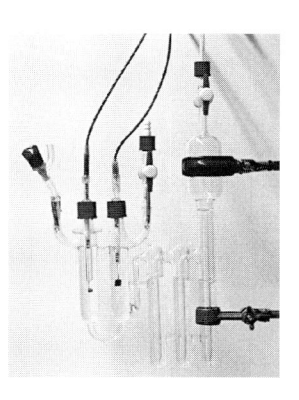

Zertifikate

Referenzpufferlösungen, bei denen entsprechende Zertifikate die Unsicherheit und Rückführung der pH-Werte dokumentieren, sind Lösungen aus zertifiziertem Referenzmaterial (ZRM). Um den Nachweis für diese Daten sicher führen zu können, müssen alle Kenndaten der Referenzpufferlösung enthalten sein.

Für die notwendigen Festlegungen in Bezug auf die Anerkennung der Zertifikate ist das BIPM (Bureau International des Poids et Mesures) zuständig. Mitglieder des BIPM sind die nationalen metrologischen Institute, z. B. die PTB in Deutschland und das NIST (National Institute of Standards and Technology) in den USA. Diese Institute sichern sich in einem Abkommen die gegenseitige Anerkennung ihrer Zertifikate zu. Ein Zertifikat der deutschen PTB ist somit gleichwertig mit einem Zertifikat des amerikanischen NIST.

Mitgliedstaaten des BIPM

Ägypten	Korea (Republik)
Argentinien	Mexiko
Australien	Neuseeland
Belgien	Niederlande
Brasilien	Norwegen
Bulgarien	Österreich
Chile	Pakistan
China und Hongkong	Polen
Dänemark	Portugal
Deutschland	Rumänien
Dominikanische Republik	Russische Föderation
Finnland	Schweden
Frankreich	Schweiz
Großbritannien	Singapur
Indien	Slowakei
Indonesien	Spanien
Iran (Islamische Republik)	Südafrika
Irland	Thailand
Israel	Tschechien
Italien	Türkei
Japan	Ungarn
Kamerun	Uruguay
Kanada	Venezuela
Korea (Demokratische Rep.)	Vereinigte Staaten

2.4.2
Arbeitspufferlösungen und Technische Pufferlösungen

Diese Referenzpufferlösungen stehen zusammen mit den selbst hergestellten Referenzpufferlösungen auf der untersten Ebene der Rückführungskette. Sie dienen zum direkten Vergleich mit den Messlösungen. Sofern die Messungen nicht ausschließlich für interne Zwecke dienen, sollten auch diese Messergebnisse rückführbar sein.

Standardpufferlösungen haben eine Haltbarkeit von maximal zwei Monaten. Einige der Lösungen neigen zu Pilzbefall; andere, besonders mit pH-Werten über 7, sind empfindlich gegen Kohlendioxid aus der Luft. Zum Aufbewahren der Lösungen sind daher fest verschließbare und möglichst gasdichte Flaschen zu verwenden.

Arbeitspufferlösungen
Die Zusammensetzung der Arbeitspufferlösungen ist in der DIN 19266 festgelegt. Sie ist identisch mit der Zusammensetzung der primären Referenzpufferlösungen. Die Norm kennzeichnet die verschiedenen Standardpufferlösungen durch die Buchstaben A bis I (Tabelle siehe Anhang).

Die Unsicherheit der Arbeitspufferlösungen setzt sich zusammen aus der Unsicherheit der verwendeten Bezugsnormale (sekundäre oder primäre Referenzpufferlösungen) und der Unsicherheit des verwendeten Kalibrierverfahrens.

Die im Handel erhältlichen gebrauchsfertigen Standardpufferlösungen haben eine bedeutend längere Haltbarkeit. Sie beträgt nach Herstellerangaben bei nicht geöffneten Flaschen zwischen 12 und 24 Monaten. Die bessere Haltbarkeit der Lösungen beruht auf einer zusätzlichen Wärmebehandlung oder dem Zusatz eines Desinfektionsmittels. Bei gebrauchsfertigen Standardpufferlösungen beträgt die produktionsbedingte Messunsicherheit bis zu ± 0,02 pH-Einheiten.

Literatur: 51

Technische Pufferlösungen
Diese Lösungen sind für das Kalibrieren im Betrieb oder im Gelände mit zusätzlichen Eigenschaften ausgestattet. Sie haben im Vergleich zu den Standardpufferlösungen eine

- bessere Stabilität gegen Verunreinigungen und Verdünnungen
- größere Lagerbeständigkeit
- ganzzahlige pH-Werte
- eine Einfärbung zur Kennzeichnung des pH-Wertes

Genormt sind die Technischen Pufferlösungen nach DIN 19267. Die Norm beschreibt die Rahmenbedingungen für die Eigenschaften der Lösungen und einige Vorschläge für deren Ansatz. Die Herstellung und somit die Zusammensetzung der Lösungen bleibt dem Hersteller überlassen. Besonders bei Mikroprozessorgeräten mit einer Kalibrierautomatik ist zu beachten, dass die Geräte nur mit den Technischen Pufferlösungen ganz bestimmter Hersteller problemlos arbeiten.

Die von den primären Referenzpufferlösungen abweichende Zusammensetzung ist eine zusätzliche Unsicherheitsquelle für das Kalibrierergebnis.

Literatur: 52

Sonstige Pufferlösungen
Neben den genormten Pufferlösungen sind noch weitere Lösungen erhältlich, z. B. spezielle Lösungen für medizinische Anwendungen. Sehr praktisch sind die durch Auflösen von Tabletten herstellbaren Lösungen für orientierende Messungen. Tabletten sind leichter zu transportieren als fertige Lösungen und haben normalerweise eine gute Haltbarkeit.

Nichtwässrige Referenzlösungen
Für Messungen in nicht- oder teilwässrigen Systemen sind wässrige Pufferlösungen ungeeignet. Entsprechende Referenzlösungen oder Angaben über ihre Zusammensetzung sind kaum erhältlich. Die bisher veröffentlichten Angaben beziehen sich im Wesentlichen auf Alkohole und Alkohol/Wasser-Gemische.

Literatur: 15, 31

2.4.3
Gebrauch der Pufferlösungen

- Haltbarkeitsangabe beachten
- basische Pufferlösungen (pH > 7) nach Möglichkeit meiden
- Kalibrierungen mit basischen Pufferlösungen in geschlossenen Gefäßen durchführen (Kohlendioxid aus der Luft ändert den pH-Wert der Pufferlösung)
- ein kleines Volumen der Lösung in ein sauberes Kalibriergefäß, z. B. ein Becherglas, füllen; niemals die Messkette direkt in die Vorratsflasche tauchen
- Vorratsflasche nach Gebrauch sofort verschließen
- benutzte Pufferlösungen nach Gebrauch verwerfen und nicht in die Vorratsflasche füllen
- keine Reste verwenden
- angebrochene Pufferflaschen innerhalb des nächsten Monats aufbrauchen
- basische Pufferlösungen innerhalb der nächsten Tage verbrauchen

3
pH-Messung

Der allgemeine Ablauf einer pH-Messung sollte folgendem Schema entsprechen:

Vorbereitung
- Messgerät einschalten
- Messkette anschließen
- Nachfüllöffnung der Referenzelektrode, sofern vorhanden, öffnen

Kalibrieren
- Referenzlösung temperieren
- Messkette spülen
- Messkette in die Standardlösung tauchen
- Referenzlösung rühren
- stabilen Messwert abwarten
- Messwert mit dem Wert der Referenzlösung vergleichen
- Vorgang mit allen weiteren Referenzlösungen wiederholen
- Kalibrierergebnisse bewerten und mit der Messung beginnen oder Korrekturmaßnahmen durchführen

Messen
- Messlösung temperieren
- Messkette spülen
- Messkette in die Messlösung tauchen
- stabilen Messwert abwarten und ablesen
- Messkette aus der Messlösung nehmen und spülen

Messung abschließen
- Messkette vom Gerät abziehen
- Messgerät ausschalten
- Messkette reinigen
- Schutzkappe auf die Messkette setzen

pH-Messung: Der Leitfaden für Praktiker. Ralf Degner
Copyright © 2009 WILEY-VCH Verlag GmbH & Co. KGaA, Weinheim
ISBN: 978-3-527-32359-3

3.1
Eingangsprüfung

Im Rahmen eines Qualitätssicherungssystems muss für alle neu beschafften, qualitätsrelevanten Mess-/Prüfmittel eine Eingangsprüfung erfolgen. Dies betrifft das pH-Meter, die pH-Messkette, den Temperatursensor und die Referenzlösungen. Die Eingangsprüfung umfasst:

- den Zustand
- die Mess-/Prüfmittelfähigkeit
- die Mess-/Prüfmitteleignung

Die Prüfung sollte auch für Messeinrichtungen, die längere Zeit lagerten oder von einer Reparatur zurückkommen, durchgeführt werden.

In den Prüfanweisungen müssen Toleranzen für die Prüfergebnisse angegeben sein. Bei Überschreiten der Toleranzgrenzen sollen die festgelegten Korrekturmaßnahmen durchgeführt werden. In der Regel bedeutet das für ein neues Gerät, das jeweilige Prüfmittel beim Hersteller zu reklamieren. Die Daten der Eingangsprüfung sollen dokumentiert werden.

Literatur 50

3.1.1
pH-Meter

Zustand
Prüfen, ob:
- das Gerät den Spezifikationen der Bestellunterlagen entspricht
- alle Begleitunterlagen vorhanden sind, z. B. die Gebrauchsanweisung
- Beschädigungen ersichtlich sind

Mess-/Prüfmittelfähigkeit

Auflösung
Prüfen, ob die Auflösung der Ergebnisanzeige den Forderungen an die Unsicherheit entspricht (siehe Kapitel 2.3.1 „Messfunktion und Ergebnisanzeige")

Nullpunkt
- die Eingänge für die pH-Glas- und die Referenzelektrode in der Messkettenbuchse kurzschließen oder einen pH-Simulator anschließen und pH = 7 einstellen

Anschlussbuchsen bei einem Handmessgerät

- Anzeige: $U = 0$ mV ± 1 digit ± zulässige Toleranz
- den Wert für die zulässige Toleranz der Gebrauchsanweisung des pH-Meters entnehmen, z. B. Angabe für die Genauigkeit, Reproduzierbarkeit oder die Unsicherheit verwenden

Linearität
Die Prüfung in der Spannungs-Messfunktion „mV" des pH-Meters durchführen:

- den Simulator auf eine Temperatur von $\vartheta = 20\,°C$ bzw $\vartheta = 25\,°C$ stellen
- mindestens 3 besser 5 pH-Werte, gleichmäßig über den pH-Bereich verteilt, am Simulator einstellen.
- die angezeigten Spannungswerte mit den Angaben für die Nernstspannung (Kapitel 7 „Tabellen") vergleichen
- die Unsicherheitsangaben für den Simulator berücksichtigen

Sofern das pH-Meter lediglich zur Kontrolle eines pH-Wertes innerhalb eines engen Toleranzbereiches, z. B. ΔpH ± 0,1 verwendet wird, kann dieser Test entfallen.

Stabilitätskontrolle
Die Prüfung in der pH-Messfunktion „pH" des pH-Meters durchführen:

- Für diesen Test einen pH-Simulator an das pH-Meter anschließen. Die Stabilitätskontrollfunktion einschalten.
- den Simulator auf einen pH-Wert (pH = X), etwa in der Mitte des vorgesehenen Arbeitsbereiches, stellen.
- je 10-mal zwischen einem höheren pH-Wert und dem gewählten pH-Wert pH = X wechseln; jeweils, den für pH = X angezeigten Wert und die Zeit die zum Erreichen des als stabil angezeigten Wertes erforderlich ist, dokumentieren.
- je 10-mal zwischen einem niedrigeren pH-Wert und dem gewählten pH-Wert pH = X wechseln; jeweils den für pH = X angezeigten Wert und die Zeit, die zum Erreichen des als stabil angezeigten Wertes erforderlich ist, dokumentieren.

Reproduzierbarkeit
Die Prüfung in der Spannungs-Messfunktion „mV" des pH-Meters durchführen:

- Für diesen Test einen pH-Simulator an das pH-Meter anschließen. Den Simulator auf einen pH-Wert (pH = X), etwa in der Mitte des vorgesehenen Arbeitsbereiches, stellen.

- je 10-mal zwischen einem höheren pH-Wert und dem gewählten pH-Wert pH = X wechseln; jeweils den für pH = X angezeigten Wert dokumentieren
- je 10-mal zwischen einem niedrigeren pH-Wert und dem gewählten pH-Wert pH = X wechseln; jeweils den für pH = X angezeigten Wert dokumentieren

Hochohmigkeit
Die Prüfung in der Spannungs-Messfunktion „mV" des pH-Meters durchführen:

- angezeigte Messkettenspannung dokumentieren
- Hochohmtaste am Simulator drücken
- angezeigte Messkettenspannung dokumentieren
- Differenz der Werte dokumentieren

Linearität und Reproduzierbarkeit der Temperaturmessung
Am pH-Meter die Temperaturmessfunktion einstellen. Analog zu den Prüfungen der pH-Messfunktion und der Spannungs-Messfunktion die Temperaturmessfunktion prüfen.

Mess-/Prüfmitteleignung
Prüfen, ob folgende Funktionen der vorgesehenen Anwendung entsprechen:

- Schutzart
- Explosionsschutz
- Robustheit
- Arbeitsschutz

Dabei sollten Extrembedingungen wie die Witterung berücksichtigt werden. Häufig genügen Plausibilitätsprüfung, bei außergewöhnlichen Einsatzbedingungen können auch praktische Prüfungen unter Realbedingungen notwendig sein.

Für die Testergebnisse Toleranzen entsprechend den Anforderungen an die Unsicherheit der Messergebnisse festlegen.

Kennzeichnung und Dokumentation
Bei pH-Metern, die der Prüfmittelüberwachung unterliegen:

- das Identifikationskennzeichen anbringen
- ins Prüfmittelverzeichnis eintragen
- eine Prüfmittelstammkarte anlegen
- ein Kennzeichen für den Arbeitsbereich anbringen

3.1.2
pH-Messkette

Zustand
Prüfen, ob
- das Gerät den Spezifikationen der Bestellunterlagen entspricht
- alle Begleitunterlagen vorhanden sind, z. B. Gebrauchsanweisung
- Beschädigungen ersichtlich sind
- die Aufbewahrungslösung in der Aufbewahrungskappe ausgetrocknet ist

Mess-/Prüfmittelfähigkeit

Kennlinie
Die Messkette an ein geprüftes, einwandfreies pH-Meter anschließen.

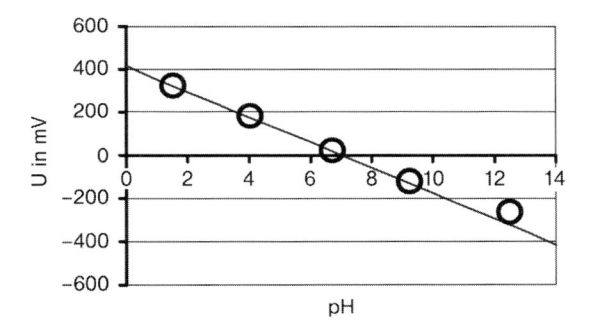

Abweichungen von der idealen Kennlinie geben Aufschluss über den Zustand der Messkette

Die Prüfung in der Spannungs-Messfunktion „mV" des pH-Meters durchführen:

- 3 bis 5 Referenzlösungen wählen, die den vorgesehenen Arbeitsbereich der pH-Messkette gleichmäßig abdecken; eine der Lösungen mit einem pH = 7 ± 0,2 verwenden
- die Referenzlösungen temperieren
- auf die Mitte des Temperaturarbeitsbereiches
- auf die Grenzen des Arbeitsbereichs
- beachten, dass eine Messkette bis zu 20 Minuten für den Temperaturangleich benötigen kann
- die Messkettenspannungen in den Referenzlösungen entsprechend Kapitel 2 „Messeinrichtungen" und Kapitel 3.3 „Kalibrieren" messen

- die gemessenen Spannungswerte dokumentieren und mit den entsprechenden Nernstspannungswerten vergleichen
- die Werte sollten lediglich um den Wert der Offsetspannung, im Rahmen der zulässigen Toleranz, voneinander abweichen

Mess-/Prüfmitteleignung

Folgende Angaben des Herstellers prüfen, ob:
- die Schutzart den Anforderungen für die geplante Anwendung entspricht
- die Messkette robust genug für die geplante Anwendung ist
- die Messkette störende oder schädliche Substanzen an das Messgut abgeben kann. (Gegebenenfalls die erforderlichen Unbedenklichkeitserklärungen vom Lieferanten anfordern.)

Anströmverhalten

Eine stabile, eventuell auch eine synthetische Kontrollprobe wählen, deren Leitfähigkeit am unteren Ende des Leitfähigkeitsarbeitsbereichs liegt.

Folgende Messungen unter Verwendung der Stabilitätskontrollfunktion durchführen:

- Kontrollprobe rühren
- pH-Wert messen
- Rühren der Kontrollprobe stoppen
- pH-Wert messen
- Differenz zwischen den Messwerten berechnen und dokumentieren

Einstellverhalten

Eine stabile, eventuell auch eine synthetische Kontrollprobe wählen, deren Leitfähigkeit am unteren Ende des Leitfähigkeitsarbeitsbereichs liegt. Das Volumen auf mindestens drei Teile aufteilen. Ein Teil dient zum Spülen der Messkette. Pro Wiederholungsmessung sind je zwei Teile erforderlich.

Folgende Messungen unter Verwendung der Stabilitätskontrollfunktion durchführen:

- die Messkette in eine Referenzlösung mit höherem pH tauchen
- stabilen Messwert abwarten
- Messkette kurz in den zum Spülen vorgesehenen Teil der Kontrollprobe tauchen und rühren
- Messkette in einen frischen Teil der Kontrollprobe tauchen
- stabilen Messwert abwarten
- die Messkette in eine Referenzlösung mit niedrigerem pH-Wert tauchen

- stabilen Messwert abwarten
- Messkette kurz in den zum Spülen vorgesehenen Teil der Kontrollprobe tauchen und rühren
- Messkette in einen frischen Teil der Kontrollprobe tauchen
- stabilen Messwert abwarten
- Abweichung der beiden Werte berechnen und dokumentieren

Überführungsspannung
Der Einfluss der Überführungsspannung ist für jede pH-Messung von Bedeutung. Die Prüfung erfolgt in der Spannungs-Messfunktion „mV" des pH-Meters. Für die Prüfung mit einer Vergleichsmesskette ist ein zweites pH-Meter mit separatem Anschluss für eine Vergleichsmesskette erforderlich.

Die Prüfung erfolgt mit je einer stabilen, eventuell auch einer synthetischen Kontrollprobe, deren Leitfähigkeit am unteren und oberen Ende des Leitfähigkeitsarbeitsbereichs liegt:

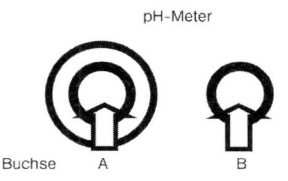

pH-Meter-Anschlüsse mit Buchse A: Messkette und Buchse B: Referenz

- die zu prüfende Messkette an Buchse A eines der pH-Meter anstecken
- die Vergleichmesskette an den inneren Teil der Buchse B des zweiten Gerätes anschließen
- die noch freien Buchsen B am ersten Gerät und A am zweiten Gerät mit einem Kabel verbinden
- die zu prüfende Messkette und die Vergleichsmesskette in die erste Kontrollprobe tauchen
- stabilen Messwert bei dem pH-Meter mit angeschlossener Vergleichsmesskette abwarten und dokumentieren
- Vorgang mit der zweiten Kontrollprobe wiederholen

Die direkte Prüfung ist für Lösungen im Bereich von 100 µS/cm bis 1 000 µS/cm geeignet.

Das Verfahren ist für die direkte Prüfung einer Messkette oder Vergleichsmesskette geeignet.

Für die Prüfung sind Flaschen mit Stopfen erforderlich, die eine für die Messkette passende Bohrung und eine kleine Entlüftungsöffnung haben.

- je eine Flasche mit Salzsäure und eine mit Kaliumhydroxidlösung gleicher Konzentration am unteren Ende des Leitfähigkeitsarbeitsbereiches ansetzen
- die Konzentration der Lösungen durch eine Leitfähigkeitsmessung kontrollieren; Verluste an Hydroxidionen oder Oxoniumionen sind durch die Abnahme der Leitfähigkeit leicht zu erkennen
- Prüfflaschen luftblasenfrei mit je einer Kontrolllösungen füllen

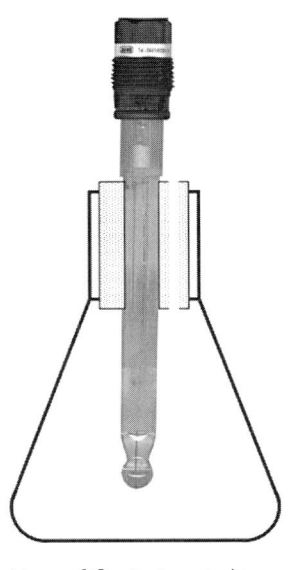

Messgefäß mit eingesteckter Messkette

- die in dem Stopfen steckende Messkette in die mit Kaliumhydroxidlösung gefüllte Flasche stecken. Die Flasche hierbei luftblasenfrei schließen
- die Kaliumhydroxidlösung rühren.
- stabilen Messwert abwarten und dokumentieren
- die Messkette mit dem Stopfen herausziehen, gründlich mit entionisiertem Wasser und etwas Salzsäure (Kontrolllösung) spülen
- die in dem Stopfen steckende Messkette in die mit Salzsäure gefüllte Flasche stecken. Die Flasche hierbei luftblasenfrei schließen
- die Salzsäure rühren
- stabilen Messwert abwarten und dokumentieren
- die Differenzen beider Messwerte zu den Soll-pH-Werten der Lösungen berechnen und dokumentieren

Querempfindlichkeit gegenüber Natriumionen

Diese Prüfung ist lediglich bei einem Arbeitsbereich, der pH = 10 übersteigt, erforderlich.

Für die Prüfung werden Flaschen mit Stopfen benötigt, die eine für die Messkette passende Bohrung und eine kleine Entlüftungsöffnung haben. Eine Natriumhydroxidlösung mit einem pH am oberen Ende des pH-Arbeitsbereiches verwenden. Die Konzentration der Lösung durch eine Leitfähigkeitsmessung kontrollieren. Verluste an Hydroxidionen sind durch die Abnahme der Leitfähigkeit leicht zu erkennen.

- eine Prüfflasche luftblasenfrei mit der Natriumhydroxidlösung füllen
- die in dem Stopfen steckende Messkette in die Flasche stecken und die Flasche damit luftblasenfrei schließen
- die Natriumhydroxidlösung rühren
- stabilen Messwert abwarten
- die Abweichung des angezeigten Ergebnisses vom Tabellenwert für den pH-Wert der Natriumhydroxidlösung berechnen und dokumentieren

Druckverhalten

Diese Prüfung ist nur erforderlich, wenn die Messkette bei der Messung getaucht ist oder in eine druckbelastete Messlösung taucht. Je nach Anwendung sind die folgenden Verfahren geeignet:

Für Messung bis ca. 1 m Wassertiefe ist ein zweites pH-Meter mit separatem Anschluss für eine Vergleichsmesskette und eine separate Vergleichsmesskette erforderlich. Die Prüfung erfolgt direkt an einer „Muster"-Messstelle, also einem See, Becken, Behälter usw.

- die zu prüfende Messkette in Buchse A eines der pH-Meter anstecken
- die Vergleichsmesskette an das zweite Gerät anschließen
- die noch freien Buchsen B am ersten Gerät und A am zweiten Gerät mit einem Kabel verbinden
- die zu prüfende Messkette und die Vergleichsmesskette an der Muster-Messstelle eintauchen, nicht abtauchen
- Funktion Spannungsmessung „mV" einstellen
- stabile Messwerte bei beiden pH-Metern abwarten
- den Messwert des pH-Meters mit angeschlossener Vergleichsmesskette dokumentieren
- die zu prüfende Messkette auf die maximale Eintauchtiefe bringen (die Vergleichsmesskette verbleibt an ihrer Position)
- stabile Messwerte bei beiden pH-Metern abwarten
- den Messwert des pH-Meters mit angeschlossener Referenzelektrode dokumentieren
- den Vorgang mindestens dreimal wiederholen

Bei Wassertiefen von mehr als einem Meter einen möglichst dünnwandigen Kunststoffbeutel luftblasenfrei mit Referenzlösung pH = 4 füllen.

- die Messkette in die Referenzlösung tauchen und den Beutel luftblasenfrei mit der Messkette verbinden, z. B. mit wasserfestem Klebeband
- stabilen Messwert abwarten und dokumentieren
- die Messkette mit dem Plastikbeutel auf maximale Wassertiefe abtauchen
- stabilen Messwert abwarten und dokumentieren
- die Differenz beider Werte berechnen und dokumentieren
- die Prüfung mindestens dreimal wiederholen

Zur Messung in Druckleitungen, sofern möglich, analog zum oben beschriebenen Vorgehen die Messkette in einem druckunbelasteten und in einem druckbelasteten Kunststoffbeutel prüfen.

3.1.3
Temperatursensor

Zustand
Prüfen, ob
- der Sensor den Spezifikationen der Bestellunterlagen entspricht
- alle Begleitunterlagen vorhanden sind, z. B. die Gebrauchsanweisung

- Beschädigungen ersichtlich sind
- die Aufbewahrungslösung in der Schutzkappe ausgetrocknet ist

Mess-/Prüfmittelfähigkeit

Kennlinie

Für die Prüfung ist eine kalibrierte Vergleichstemperatur-Messeinrichtung erforderlich und ein Prüfbad (z. B. Thermostat) mit ausreichend stabiler Temperatur:

- den Temperatursensor an ein geprüftes, einwandfreies Messgerät anschließen
- die Prüfung in der Temperatur-Messfunktion durchführen
- das Prüfbad auf die Temperatur der Arbeitsbereichsuntergrenze temperieren
- den zu prüfenden Temperatursensor und den Vergleichssensor, möglichst dicht beieinander, eintauchen
- stabile Temperaturwerte abwarten, die Temperaturwerte und die Temperaturdifferenz dokumentieren
- das Prüfbad auf eine Temperatur in der Arbeitsbereichsmitte temperieren
- stabile Temperaturwerte abwarten, die Temperaturwerte und die Temperaturdifferenz dokumentieren
- das Prüfbad auf die Temperatur an der Arbeitsbereichsobergrenze temperieren
- stabile Temperaturwerte abwarten, die Temperaturwerte und die Temperaturdifferenz dokumentieren

Mess-/Prüfmitteleignung

Prüfen, ob
- das Schaftmaterial eine ausreichende Korrosionsbeständigkeit für die geplante Anwendung hat
- das Schaftmaterial störende oder schädliche Substanzen an die Messlösung abgeben kann. Gegebenenfalls die erforderlichen Unbedenklichkeitserklärungen vom Lieferanten anfordern

3.1.4
Referenzlösungen

Die Prüfung der Prüfmittelfähigkeit und -eignung entfällt in diesem Fall.

Zustand

Prüfen:
- Entspricht die Referenzlösung den Spezifikationen der Bestellunterlagen?

- Sind alle Begleitunterlagen vorhanden, z. B. Kalibrierschein, Sicherheitsdatenblatt?
- Sind Beschädigungen des Behältnisses ersichtlich?

3.2 Inbetriebnahme

3.2.1 Zustand der Messeinrichtung

Zunächst sollte die Messeinrichtung, die Aufbewahrungslösung und die Referenzlösung kontrolliert werden.

Bei Messeinrichtungen, die der Mess-/Prüfmittelüberwachung unterliegen, sollte die Kennzeichnung geprüft werden. Messeinrichtungen, bei denen die Kennzeichnung fehlt oder wenn sie unleserlich ist, sollte dies sofort dem Prüfmittelbeauftragten gemeldet werden.

In allen Fällen sollte geprüft werden, ob die Messeinrichtung einen optisch einwandfreien Zustand hat. Jede Auffälligkeit und/oder Abweichung vom Normalzustand sollte dokumentiert werden. Insbesondere sollte auf Farbänderungen an der Überführung oder innerhalb der Messkette geachtet werden.

3.2.2 Aufbewahrungslösung

Prüfen Sie, ob Aufbewahrungslösung in der Schutzkappe vorhanden ist. Sollte die Aufbewahrungslösung in der Schutzkappe ausgetrocknet sein, muss die Messkette mindestens 12 Stunden in Elektrolytlösung wässern.

Dieser Vorgang lässt sich nicht beliebig oft wiederholen, da die Membran durch häufiges Eintrocknen besonders in warmer Umgebung sehr schnell altert. Die Messkette daher nach Gebrauch so aufbewahren, dass sie nicht gleich wieder eintrocknet.

Kaliumchloridbeläge
Gesättigte Kaliumchloridlösung bildet weiße Beläge auf der Messkette und der Vorratsflasche. Dieser Film ist etwa 0,1 mm dick und kriecht täglich weiter. Die Lösung dringt sogar durch Spalten, die für Wasser und Luft undurchlässig sind. Die Kaliumchloridkruste ist ungefährlich und mit Wasser leicht zu entfernen. Vorübergehend aufhalten lässt sich das Kaliumchlorid durch hydrophobe Flächen, z. B. durch eine mit Silikonöl beschichtete Fläche.

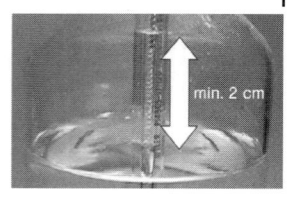

3.2.3
Referenzelektrolytlösung

Die Messkette soll bis zur Einfüllöffnung mit Referenzlösung gefüllt sein. Vor der Messung den Füllstand der Referenzelektrolytlösung prüfen und gegebenenfalls die Lösung ergänzen.

Ein Wechsel der Elektrolytlösung sollte mindestens monatlich erfolgen. Vor der Messung die Aufzeichnungen prüfen, ob ein Elektrolytwechsel notwendig ist und gegebenenfalls den Wechsel ausführen. Vor und nach dem Elektrolytwechsel die Messeinrichtung kalibrieren.

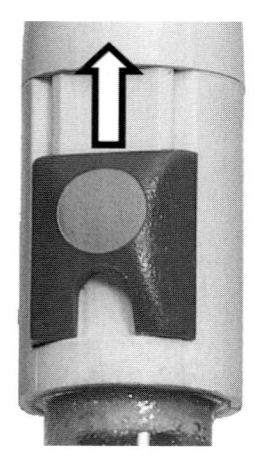

Füllstand der Elektrolytlösung mindestens 2 cm über der Probenoberfläche

Nachfüllöffnung der Referenzelektrode

Messketten, die eine Referenzelektrolytlösung enthalten, haben in der Regel eine Öffnung zum Nachfüllen oder Wechseln der Lösung. Diese Öffnung ist beim Transport oder während der Lagerung entweder mit einem Stöpsel oder einem Schieber verschlossen.

Für Kalibrierungen und Messungen die Nachfüllöffnung öffnen. Die geöffnete Nachfüllöffnung ermöglicht den Druckausgleich mit der Umgebungsluft. Eine geschlossene Referenzelektrode behindert den Elektrolytausfluss. Probleme entstehen bei geschlossener Öffnung, insbesondere bei Temperaturänderungen. Bei Erwärmung drückt das Luftpolster in der Messkette die Elektrolytlösung hinaus, und bei Abkühlung saugt es Messlösung an.

Dieser Austausch von Elektrolytlösung gegen Messlösung führt zu

Nachfüllöffnung durch Hochdrücken des Schiebers öffnen

- einem erhöhten Elektrolytverbrauch
- störenden Überführungsspannungen
- möglicher Vergiftung des Referenzelementes

Bei Messketten mit Referenzelektrolytgelen oder -polymerisaten ist keine Nachfüllöffnung vorhanden. Die Folgen sind ungenaue Messwerte und eine verminderte Haltbarkeit der Messkette.

3.3
Kalibrieren

Das Kalibrieren der Messeinrichtung ist eine grundlegende Qualitätssicherungsmaßnahme und Voraussetzung für die Rückführbarkeit der Messergebnisse.

Im Bereich der pH-Messtechnik wird in der Regel der Begriff „Kalibrieren" anstelle von „Justieren" verwendet. Die erforderliche Kalibrierung entfällt hierbei. Dies hat bedenkliche Auswirkungen auf die Qualität der Messergebnisse, die Rückführbarkeit der Messergebnisse und die Unsicherheitsangaben.

Im Folgenden ist die Kalibrierung der pH-Messeinrichtung nach den Regeln der Messmittelüberwachung behandelt.

pH-Messeinrichtungen in folgenden Fällen kalibrieren:
- vor Verwendung einer neuen (anderen) Messkette
- vor Verwendung eines neuen (anderen) Messgerätes
- vor und nach jeder Korrekturmaßnahme, z. B. Reinigen der Messkette oder Justieren der Messeinrichtung
- nach Ablauf des Kalibrierintervalls
- bei Zweifeln am einwandfreiem Zustand der Messeinrichtung

Die Grenzwerte und die Kalibrierintervalle werden entsprechend den Anforderungen an die Unsicherheit der Kalibrierergebnisse festgelegt.

Die Kalibrierung erfolgt nach dem folgenden, einfachen Schema:

- Referenzlösungen wählen
- Kalibriertemperatur einstellen
- Messkette in die Referenzlösung tauchen
- Referenzlösung rühren
- stabilen Messwert abwarten
- Kalibrierergebnis beurteilen

Literatur: 50

3.3.1
Referenzlösung wählen

Die Art und Anzahl der Referenzlösungen hängen wesentlich von der geplanten Anwendung der Messeinrichtung und den Anforderungen an die Unsicherheit der Messergebnisse ab.

Für Messergebnisse mit externer Bedeutung, z. B. Messungen im Auftrag oder Messungen zur Erfüllung gesetzlicher oder vertraglicher Festlegungen nur rückführbares und zertifiziertes Referenzmaterial verwenden.

Für interne Überwachungen können nicht zertifizierte und auch selbst hergestellte Lösungen reichen. In diesem Fall ist auch ein beliebiges Wiederverwenden saurer oder neutraler Referenzlösungen möglich.

3.3.2
Arbeitsbereich der Messeinrichtung

Für normale Betriebs- und Labormessungen mit einer Unsicherheit $U(\text{pH}) \geq 0{,}1$ reicht eine neutrale (pH = 6,88 oder pH = 7,0) und eine saure Lösung (pH = 4,0) aus. Auf basische Lösungen sollte aufgrund der Instabilität verzichtet werden.

Für Labormessungen mit einer Unsicherheit $U(\text{pH}) < 0{,}1$ sollten je nach Größe des Arbeitsbereiches 3 bis 5 Referenzlösungen verwendet werden. Die pH-Werte der Lösungen sollen möglichst gleichmäßig über den Arbeitsbereich verteilt sein.

3.3.3
Kalibriertemperatur einstellen

Die Kalibriertemperatur hängt vom Arbeitsbereich der Messeinrichtung ab. Häufig ist ein Wert von 20 °C durch Normen und Vorschriften vorgegeben. In diesen Fällen genügt es, die Referenzlösungen innerhalb der angegebenen Toleranz auf den vorgegebenen Temperaturwert zu temperieren.

Für eine Anzahl von Anwendungen, z. B. Feld- und Betriebsmessungen, ist ein Temperatur-Arbeitsbereich erforderlich. In diesen Fällen sollte bei Temperaturen an den Arbeitsbereichsgrenzen kalibriert werden.

3.3.4
Messkette eintauchen

Die Messkette muss mindestens soweit in die Lösung eingetaucht werden, dass die Membran und die Überführung vollständig bedeckt sind. Die maximale Eintauchtiefe richtet sich nach dem Füllstand der Referenzelektrode. Die Referenzelektrolytlösung soll mindestens zwei Zentimeter über der Oberfläche der Referenzlösung stehen. Bei Temperaturunterschieden von mehr als 10 K zwischen Raumluft und Referenzlösung, sollte die Messkette stets bis zur maximalen Eintauchtiefe in die Lösung eintauchen.

3.3.5
Referenzlösung rühren

Das Rühren der Referenzlösung reduziert die Einstellzeit der Messkette und wirkt sich positiv auf die Reproduzierbarkeit der Kalibrierergebnisse und somit deren Unsicherheit aus.

Das verschiedentlich angegebene Stoppen des Rührens vor der Übernahme des Messwertes hat, sofern die Messkette in Ordnung

Gerührte pH-Messung

ist, keinen weiteren Einfluss. Sollte das Beenden des Rührens den angezeigten Wert ändern, ist dies ein Anzeichen für ein Messkettenproblem.

3.3.6
Stabilen Messwert abwarten

Das für die Stabilitätskontrolle verwendete Stabilitätskriterium muss den Anforderungen an die Unsicherheit der Kalibrierergebnisse entsprechen. Die Messwerte sollen erst übernommen werden, nachdem die Stabilitätskriterien erfüllt sind.

3.3.7
Kalibrierergebnis beurteilen

Zur Kontrolle der Prüfergebnisse ist das Erstellen einer Zielwertkarte sinnvoll. In diese Karte werden die Kalibrierergebnisse, eine Warn- und eine Außerkontrollgrenze eintragen. Die Warngrenze liegt bei zwei Dritteln der zulässigen Toleranz. Die Außerkontrollgrenze bei Erreichen der max. zulässigen Toleranz.

Überschreitet ein Kalibrierwert die Warngrenze, so genügt es, Korrekturmaßnahmen durchzuführen.

Überschreitet ein Kalibrierwert die Außerkontrollgrenze, sind alle nicht gesicherten, vorhergehenden Werte in Frage gestellt. Als Korrekturmaßnahmen können z. B. Wiederholungsmessungen, Rückholaktionen von Waren oder Kundenbenachrichtigungen erforderlich sein.

3.4
Korrekturmaßnahmen

Vor und nach dem Durchführen von Korrekturmaßnahmen muss die Messeinrichtung kalibriert werden.

Die folgenden Korrekturmaßnahmen sollten ausschließlich aufgrund von Kalibrierergebnissen durchgeführt werden. Jede Reinigung oder Justierung vereitelt die Möglichkeit, vorhergehende Messabweichungen und deren Ursachen vollständig nachzuvollziehen.

Nach der Korrekturmaßnahme belegt eine Kalibrierung deren Wirksamkeit.

3.4.1
Messkette reinigen

- Fette und Öle mit warmer Seifenlösung oder durch kurzes Spülen in etwas Alkohol ω ca. 70 % entfernen
- Kalk- und Metallhydroxidbeläge (z. B. Eisenhydroxid) mit Zitronen- oder Salzsäure ω ca. 10 % entfernen. Für Messketten mit Referenzelektrolytgel oder -polymerisat ist Salzsäure nicht geeignet

Elektrolytlösung wechseln
Sofern die Messkette eine Referenzelektrolytlösung enthält, muss sie bei Erreichen der Kalibriertoleranzen ausgetauscht werden.

3.4.2
Messkette regenerieren

Diaphragma und Membran reinigen
Das Verfahren hängt stark von der Ausführung der Referenzelektrode ab. Messketten mit Elektrolytgelen und -polymerisaten vertragen keine stark sauren oder alkalischen Lösungen. Bei einem Schliff genügt ein einfaches Abwischen mit einem feuchten Tuch.

Die folgenden Hinweise beziehen sich daher im Wesentlichen auf Referenzelektroden mit einem Diaphragma und einer Referenzelektrolytlösung.

Verunreinigungen nahe der Oberfläche lassen sich meist einfach chemisch entfernen. Bei in die Tiefe eingedrungenem Schmutz sind Diaphragmen, insbesondere Keramikdiaphragmen, kaum noch zu reinigen.

Die folgenden Verfahren in der angegebenen Reihenfolge ausführen, da mit jedem nachfolgenden Verfahren die Gefahr einer Schädigung der Messkette zunimmt.

Behandeln mit Kaliumchloridlösung

- Referenzelektrode leeren
- Messkette ca. 5 cm tief in eine Kaliumchloridlösung $c = 0{,}5$ mol/l tauchen
- 2 bis 3 Stunden in der Lösung stehen lassen
- Referenzelektrode mit Elektrolytlösung füllen

Literatur: 53

Behandeln mit Ammoniaklösung

- Referenzelektrode leeren
- Messkette bis zum Diaphragma in eine konzentrierte Ammoniaklösung tauchen
- 10 bis 20 Minuten (max. 30 Minuten) in der Lösung stehen lassen
- Messkette gründlich mit entionisiertem Wasser spülen
- Innenraum der Referenzelektrode mehrfach mit Elektrolytlösung spülen
- Referenzelektrode mit Elektrolytlösung füllen

Literatur: 53

Behandeln mit Pepsinlösung

Pepsin $\omega = 1\,\%$, Salzsäure $c = 0{,}1$ mol/l.

☞ Das Verfahren nur für Proteinverunreinigungen verwenden. Die Pepsin/Salzsäurelösung kann das Referenzelement von Messketten mit Elektrolytgelen oder -polymerisaten schädigen und/oder größere Messabweichungen verursachen.

- Referenzelektrode leeren
- Messkette bis zum Diaphragma in Pepsin/Salzsäurelösung tauchen
- 6 Stunden stehen lassen
- Messkette gründlich mit Wasser spülen
- Innenraum der Referenzelektrode mehrfach mit Elektrolytlösung spülen und anschließend mit Elektrolytlösung füllen
- Messkette mindestens 15 Minuten in Referenzelektrolytlösung aufbewahren und anschließend prüfen

Literatur: 15, 54

Behandeln mit Thioharnstoff oder Salzsäure
Thioharnstoff $w = 5{,}5\ \%$, Salzsäure $c = 0{,}1\ \text{mol/l}$.

☝ Das Verfahren sollte nur bei Silbersulfidverunreinigungen (schwarzes Diaphragma) verwendet werden. Thioharnstoff/Salzsäurelösung kann das Referenzelement von Messketten mit Elektrolytgelen oder -polymerisaten schädigen und/oder größere Messabweichungen verursachen.

- Referenzelektrode leeren
- Messkette bis zum Diaphragma in Thioharnstoff/Salzsäurelösung tauchen
- 1 bis 3 Stunden stehen lassen
- Messkette gründlich mit entionisiertem Wasser spülen
- Innenraum der Referenzelektrode mehrfach mit Elektrolytlösung spülen
- Referenzelektrode mit Elektrolytlösung füllen
- Messkette mindestens 15 Minuten in Referenzelektrolytlösung aufbewahren

Literatur: 15, 54

Verdünnte Salpetersäure
Salpetersäure $c = 0{,}1\ \text{mol/l}$.

☝ Das Verfahren sollte nur bei metallischen Belägen verwendet werden. Verdünnte Salpetersäure kann bei Messketten mit Elektrolytgelen oder -polymerisaten größere Messabweichungen aufgrund eines Gedächtniseffektes verursachen.

- Referenzelektrode leeren
- Messkette bis zum Diaphragma in die Salpetersäure tauchen
- 30 Minuten stehen lassen
- Messkette gründlich mit entionisiertem Wasser spülen
- Innenraum der Referenzelektrode mehrfach mit Elektrolytlösung spülen
- Referenzelektrode mit Elektrolytlösung füllen
- Messkette mindestens 15 Minuten in Referenzelektrolytlösung aufbewahren

Chromschwefelsäure
☠ Das Verfahren sollte nur bei hartnäckigen organischen Verunreinigungen verwendet werden. Chromschwefelsäure kann das Referenzelement von Messketten mit Gelen oder Polymerisaten schädigen und größere Messabweichungen verursachen.

- Referenzelektrode leeren
- Messkette bis zum Diaphragma in Chromschwefelsäure stellen
- 30 Minuten stehen lassen
- Messkette gründlich mit entionisiertem Wasser spülen
- Innenraum der Referenzelektrode mehrfach mit Elektrolytlösung spülen
- Referenzelektrode mit Elektrolytlösung füllen
- Messkette mindestens 15 Minuten in Referenzelektrolytlösung aufbewahren

Kochen der Messkette
Die Messkette sollte besser gleich ausgetauscht werden.

☠ Dieses Verfahren, wenn überhaupt, nur als letztes Mittel verwenden, da eine Schädigung der Messkette sehr wahrscheinlich ist und nach dem Regenerieren eine zuverlässige Funktion nicht sicher ist.

- die Messkette bis zum Diaphragma für 20 bis 30 Sekunden in siedendes Wasser tauchen

Literatur: 53

Schmirgeln des Diaphragmas
Die Messkette sollte besser gleich ausgetauscht werden.

☠ Dieses Verfahren, wenn überhaupt, nur als letztes Mittel verwenden, da eine Schädigung der Messkette sehr wahrscheinlich und nach dem Regenerieren eine zuverlässige Funktion nicht sicher ist.

Die Oberfläche von Platindiaphragmen darf nicht mechanisch bearbeitet werden, da das beim Einschmelzen ausgeglühte Platin sehr weich ist.

- die oberste Schicht des Diaphragmas mit feinem Schmirgelpapier abschleifen

Literatur: 53, 15

Diaphragma entlüften
- Referenzelektrode in Referenzelektrolytlösung tauchen
- Diaphragma über die Einfüllöffnung mit einer Wasserstrahlpumpe evakuieren

Literatur: 15

Membran beizen

Das Beizen sollte nur durchgeführt werden, wenn die Messkette bereits mehrfach eingetrocknet war. Das Beizen raut die Oberfläche der Membran auf. Eine gebeizte Membran verschmutzt schneller als eine neue.

Literatur: 15

Beizen mit Fluoriden oder Flusssäure

Beizlösung: Natriumfluorid c = 1 mol/l, Salzsäure c = 2 mol/l oder Ammoniumfluorid ω = 20 %

☠ Nur die Membran und nicht die Überführung darf in die Beizlösung eingetaucht werden. Es sollte keine zu schwache oder verbrauchte Beizlösung verwendet werden.

- Membran max. 2 Minuten beizen
- Messkette kurz in Salzsäure c = 1 mol/l tauchen
- Messkette mit Wasser spülen und einen Tag in Referenzelektrolytlösung wässern

Literatur: 15

Beizen mit Natriumhydroxidlösung

Etwas weniger gefährlich für die Messkette, aber auch weniger wirksam, ist das Beizen mit Natriumhydroxidlösung.

- Membran in Natriumhydroxidlösung ω = 4 % tauchen
- 5 Minuten warten
- Membran in Salzsäure ω = 4 % tauchen
- 5 Minuten warten
- Vorgang mehrfach wiederholen
- Messkette mit entionisiertem Wasser spülen und einen Tag in Referenzelektrolytlösung wässern

Literatur: 54

Referenzelement regenerieren

Die Referenzelektrode mit einer Gold- oder Platinelektrode in Referenzelektrolytlösung tauchen.

- Referenzelektrode als Anode gegen die Metallelektrode schalten
- etwa 30 Minuten einen Strom von 0,1 mA durchleiten

Literatur: 15

3.4.3
Justieren

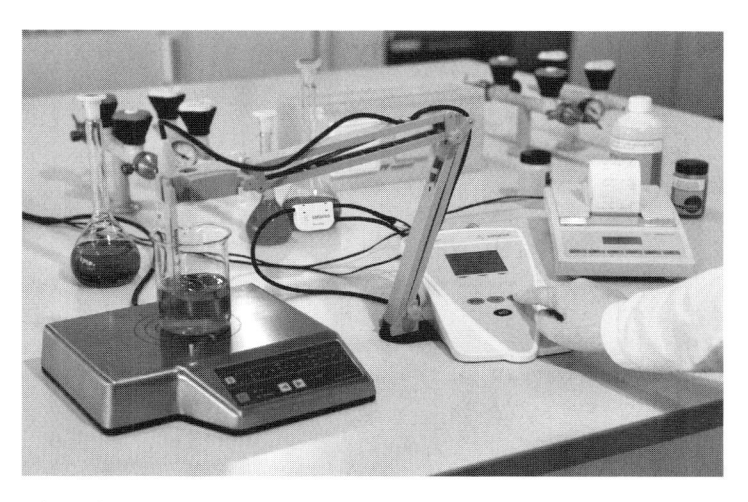

Arbeitsplatz Fa. Sartorius

Eine pH-Messeinrichtung justieren bedeutet, das pH-Meter mit Hilfe von Referenzlösungen auf die Kennlinie der Messkette einzustellen.

Das Justieren hat keinen Einfluss auf das Verhalten der Messkette. Es ändert in keiner Weise die Reproduzierbarkeit der Messwerte. Der Einfluss von Schmutz oder eines aufgebrauchten Referenzelektrolyten bleibt unverändert.

Lediglich systematische Änderungen lassen sich ausgleichen, da diese jedoch in den meisten Fällen mit erheblichen zufälligen Abweichungen verbunden sind, ist auch hier der Erfolg eher gering.

Bei einer mangelhaften oder defekten Messeinrichtung muss die Mangelursache beseitigt oder das mangelhafte Teil der Messeinrichtung ausgetauscht werden. Ein Justieren ist in diesem Fall sinnlos.

Zum Justieren der Messeinrichtung genügen zwei Einstellungen:

- Messkettensteilheit
- Kettennullpunkt oder Offsetspannung

Messkettensteilheit
Der Wert für die Messkettensteilheit wird entsprechend der Messkettentemperatur auf 99,7 % der Nernststeilheit eingestellt (Kapitel 7 „Tabellen": Nernststeilheitswerte).

Die pH-abhängige Kennlinie einer pH-Messkette ist linear und die Steigung entspricht ca. 99,7 % der Nernststeilheit (siehe Kapitel 5 „Grundlagen"). Alle beim Kalibrieren festgestellten Abweichungen sind auf Störeinflüsse zurückzuführen.

Kettennullpunkt oder Offsetspannung
Je nach pH-Meter ist entweder das Justieren des Kettennullpunktes oder der Offsetspannung erforderlich.

Der Kettennullpunkt entspricht dem pH, bei der die Messkettenspannung $U = 0$ mV ist. Der Wert kann aus der Kennlinie der pH-Messkette berechnet werden.

Die Offsetspannung entspricht der Messkettenspannung am nominellen Nullpunkt der Messkette (in der Regel pH = 7). Dieser Wert wird normalerweise durch eine direkte Messung in einer neutralen Referenzlösung bestimmt.

Kalibrierautomatik
Moderne pH-Meter führen die Berechnung automatisch beim Kalibrieren durch. Leider justieren die Geräte die ermittelten Werte für die Steilheit und den Kettennullpunkt gleich automatisch mit. Um eine ungewollte Steilheitseinstellung zu vermeiden, muss eine Einpunktjustierung (Herstellerbezeichnung „Einpunktkalibrierung") durchgeführt werden, sofern das Gerät über diese Funktion verfügt, oder die Einstellungen werden, sofern möglich, manuell durchführen.

Sollte nur eine automatische Zwei- oder Mehrpunktjustierung zur Verfügung stehen, muss der Justiervorgang wiederholt werden bis die Steilheit innerhalb des zulässigen Bereiches liegt.

Anlässe für ein Justieren der Messeinrichtung
Nur in den folgenden Fällen ist das Justieren angebracht:

Neue Messkette oder pH-Meter
Neue Messketten haben je nach Typ und Hersteller individuelle Werte für den Kettennullpunkt bzw. die Offsetspannung.

- Temperatursensor anschließen oder den Temperaturwert der Messkette manuell am Gerät einstellen
- die Messeinrichtung mit einer neutralen Referenzlösung kalibrieren und das Gerät entweder manuell oder mittels Einpunktjustierverfahren („Einpunktkalibrierverfahren") auf pH-Wert den Referenzlösung justieren
- den am pH-Meter eingestellten Steilheitswert kontrollieren und gegebenenfalls auf 99,7 % des Wertes der Nernststeilheit justieren

Elektrolytverlust

Mit dem normalen Elektrolytverlust ist eine ständige Änderung des Kettennullpunktes/Offsetspannung aber auch der störenden Überführungsspannung verbunden.

Eine derartige Änderung des Kettennullpunktes/Offsetspannung bedeutet nicht nur eine Änderung der Kennlinie mit der dazugehörigen Messabweichung, sondern auch eine erhebliche Zunahme der zufälligen Messabweichungen. Die Reproduzierbarkeit wird schlechter. Hierbei ist zu berücksichtigen, dass diese Abweichungen in realen Proben häufig sehr viel größer sind als unter den nahezu optimalen Bedingungen in den Referenzlösungen.

Bei Messketten, die eine Referenzelektrolytlösung enthalten, sollte die Elektrolytlösung in regelmäßigen Abständen oder bei Erreichen der Toleranzgrenzen ausgetauscht werden. Dabei wird die Messkette vor und nach dem Austausch kalibriert und geprüft, ob die Korrekturmaßnahme den gewünschten Effekt erzielte.

Bei Messketten mit Referenzelektrolytgelen oder Polymerisaten würde dies einen relativ häufigen und kostspieligen Wechsel der Messketten bedeuten. Hier kann mit dem Justieren ausgeglichen werden. Die Probleme mit der Reproduzierbarkeit nehmen jedoch mit der abnehmenden Elektrolytkonzentration zu.

Die DIN 19260 erlaubt generell eine Abweichung von max. $\Delta pH = 0{,}5$ beim Kettennullpunkt, das entspricht 30 mV bei der Offsetspannung.

Eine genaue Festlegung ist nur durch Verifizierung von Messketten, deren Kettennullpunkt/Offsetspannung den festgelegten Grenzwert aufweisen mit den Werten für die Überführungsspannung in den realen Proben möglich.

Eigene Erprobungen zeigten, dass die Abweichung der Offsetspannung vom Wert der neuen Messkette nicht mehr als insgesamt $U = 6$ mV bei Messketten mit einer Elektrolytlösung betragen sollte. Dann ist ein Wechsel der Elektrolytlösung notwendig.

Für Messketten mit einem Elektrolytgel oder Polymerisat soll die Abweichung nicht mehr als 30 mV (besser 20 mV) betragen. Bei einer größeren Differenz ist der Austausch der Messkette angebracht.

3.5
Messen

3.5.1
Allgemeines zum Ablauf

Messkette eintauchen

Die Messkette soll mindestens soweit in die Lösung tauchen, dass die Membran und das Diaphragma vollständig bedeckt sind. Die maximale Eintauchtiefe richtet sich nach dem Füllstand der Referenzelektrode. Die Referenzelektrolytlösung muss mindestens einen Zentimeter über der Oberfläche der Messlösung liegen. Bei Temperaturunterschieden von mehr als 10 K zwischen Raumluft und Messlösung sollte die Messkette stets bis zur maximalen Eintauchtiefe in die Lösung tauchen.

Messkette spülen

Das Spülen der Messkette nach einer Messung sollte selbstverständlich sein. Es erhält die Betriebsbereitschaft und sorgt für eine gute Haltbarkeit der Messkette.

In keinem Fall sollte die Messkette nach dem Spülen mit einem (Papier)-tuch abgewischt oder auch nur abgetupft werden.

Messung in einem großen Probevolumen

Bei Feld- und Betriebsmessungen genügt ein kurzes Rühren mit der Messkette in der zu messenden Flüssigkeit. Ein paar Tropfen verschlepptes Schwimmbeckenwasser wird den pH-Wert des nächsten Beckens nicht wesentlich beeinflussen. Eine Pufferlösung, die durch ein paar Tropfen Schwimmbeckenwasser ihren pH-Wert derart ändert, dass sie für die Kalibrierung bei Feld- und Betriebsmessungen nicht mehr geeignet ist, sollte nicht verwendet werden.

Vor der Aufbewahrung oder einer längeren Lagerung sollte die Messkette gründlich mit sauberem Trinkwasser, besser mit entionisiertem Wasser gereinigt werden. In diesem Fall ist auch eine Kalibrierung vor der Reinigung zu empfehlen.

Messung in einem kleinen Probevolumen

Bei kleinen Volumina gut gepufferter Proben steht häufig kein ausreichendes Volumen zum Spülen der Messkette zur Verfügung. In diesem Fall ist ein Spülen mit entionisiertem Wasser sinnvoll. Überschüssige Wassertropfen durch kurzes Schütteln (wie das Schütteln beim Fieberthermometer) entfernen.

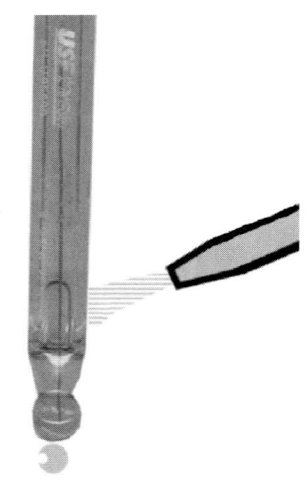

Spülen nach jeder Messung

3.5 Messen

Messung in schwach gepufferten Lösungen
Diese Messungen sollen möglichst kontinuierlich durchgeführt werden. Für Eluate, z. B. von Papier- oder Textilproben, sollte jeglicher Kontakt des Spülwassers mit der Umgebungsluft vermieden werden. Wasser zum Herstellen von Extrakten, Suspensionen oder für das Anfeuchten von Oberflächen sollte kohlensäurefrei sein.

Das Spülwasser nach folgendem Verfahren vorbereiten:
- zum Entfernen der Kohlensäure das Wasser 5 bis 10 Minuten kochen (bei längerer Kochzeit kann die Alkaliabgabe des Glases den pH-Wert erhöhen.)
- das Gefäß mit einem Natronasbestrohr verschließen

Das Wasser sollte nicht länger als 30 Minuten verwendet werden.

Messkette desinfizieren

Insbesondere bei der Trinkwasserüberwachung ist es erforderlich, die Messkette zu desinfizieren.

Für diesen Zweck ist Ethanol $\omega = 70\,\%$, Formalin oder Wasserstoffperoxid geeignet. Diese Mittel greifen die Messkette nicht an, so dass sie auch einige Stunden einwirken können. Auch die handelsüblichen Krankenhaus-Desinfektionsmittel haben bisher keine nachteilige Wirkung auf die Elektrodenfunktion erkennen lassen. Eine sehr wirksame Methode ist das Begasen mit Ethylenoxid.

Nicht geeignet ist 96%iger oder reiner Ethanol, da er zu instabilen Messwerten führen kann. Er entzieht der Glasmembran Wasser und kann zu Kaliumchloridablagerungen im Diaphragma führen.

Vor und nach einer Desinfektion muss die Messkette kalibriert werden.

3.5.2
Messen in Wasser und wässrigen Lösungen

Messen bei Leitfähigkeit $\gamma \geq 300\,\mu S/cm$
In Abwasser, Aquarienwasser, Grundwasser, Meerwasser, Oberflächenwasser oder Trinkwasser kann sich durch chemische, physikalische oder biologische Vorgänge der pH-Wert schnell ändern. Um größere Abweichungen durch die Probenahme und den Probentransport zu vermeiden, sollten Feld- bzw. Betriebsmessungen erfolgen.

Wahl der Messkette für die Messung direkt im Gewässer
Die Messkette soll robust und witterungsbeständig sein und beim geringfügigen Abtauchen (50 cm) nicht gestört werden.

Feldmessung mit Handgerät, Firma Ott

- robuste Membran, z. B. Zylinder- oder Kegelmembran
- Elektrolytgel oder -polymerisat
- Überführung aus Keramik oder ein Faserdiaphragma
- Kunststoffschaft mit Membranschutz
- Festkabelanschluss
- Kabellänge der Anwendung angepasst, mind. 1,5 m

Literatur: 32, 55, 56, 57, 58, 59

Wahl der Messkette für die Messung in einem Durchflussgefäß
Die Messkette soll robust und möglichst strömungsunempfindlich sein.

- beliebiger Membrantyp
- Elektrolytlösung
- silberchloridfreie Kaliumchloridlösung $c = 3$ mol/l
- Überführung aus Platindiaphragma, Kapillare oder Schliff
- Kunststoffschaft
- beliebiger Kabelanschluss
- beliebige Kabellänge

Druckbelastete Leitungen oder große Wassertiefen
Die Referenzelektrode muss luftblasenfrei gefüllt sein. Ein hoher Druck, wie er in Druckleitungen und Wassertiefen über 1 m auftritt, komprimiert eine vorhandene Luftblase und drückt die Messlösung über die Überführung in die Messkette, die innerhalb der Referenzelektrode Störungen verursachen kann. Wechselnde Druckbedingungen können die Elektrolytlösung oder ein Gel mit einer Art Pumpeffekt austauschen.

Wahl der Messkette
Die Messkette soll robust und druckunempfindlich sein.

- druckfeste Membran, z. B. Zylinder oder Kegelmembran
- Elektrolytpolymerisat
- Lochüberführung
- Kunststoffschaft
- Festkabelanschluss
- Kabellänge der Anwendung entsprechend
- gegebenenfalls eine Armierung

Messen bei Leitfähigkeit 10 µS/cm $\leq \gamma <$ 100 µS/cm
Wässer wie z. B. Regenwasser, einige Quellwässer und Trinkwasser sind nur wenig gepuffert. Je geringer die Leitfähigkeit ist, desto stärker ändern selbst geringe Verunreinigungen aus der Luft oder

den Gefäßen den pH des Wassers. Die geringe Leitfähigkeit führt weiterhin zu Störungen an der Überführung.

Die Messung sollte daher möglichst im Durchfluss durchgeführt werden. Ist eine Messung im Durchfluss nicht möglich, muss zumindest ein möglichst großes Wasservolumen verwendet werden. Bei kleinen Wasservolumina können Verunreinigungen aus der Elektrolytlösung oder auch einfach der Elektrolyt den pH des Wassers ändern.

Abzuraten ist von der Zugabe neutraler Salze zur Erhöhung der elektrischen Leitfähigkeit. Gerade bei schwach gepufferten Wässern beeinflussen Änderungen der Ionenstärke oder kleine Verunreinigungen des zugegebenen Salzes den pH der Messlösung.

Wahl der Messkette
- robuste Membran, z. B. Zylinder- oder Kegelmembran
- silberfreie Elektrolytlösung
- Kaliumchloridlösung c = 3 mol/l
- Überführung als Platindiaphragma, Kapillare oder Schliff
- Kunststoffschaft mit Membranschutz
- beliebiger Kabelanschluss
- Kabellänge der Anwendung angepasst

Literatur: 32, 57, 58, 60, 61, 62, 63

Alkalische Lösungen

Mit zunehmendem pH steigt die Querempfindlichkeit der Membran gegenüber Alkaliionen. Schon ab einem pH von 10 können Messabweichungen zu niedrigeren Werten hin auftreten. Die Größe der Abweichung hängt zusätzlich von der Art der Alkaliionen, ihrer Konzentration und vom Membranglas ab. Im Wesentlichen verursachen Natrium- und Lithiumionen den Messfehler. Kaliumionen stören erst bei einem sehr hohem pH und bei hohen Kaliumkonzentrationen.

Spezielle Hochalkalimembranen haben eine geringere Querempfindlichkeit gegen Natriumionen. Lithiumionen sind normalerweise praktisch nicht vorhanden und daher vernachlässigbar. Bei pH > 14 können jedoch auch bei den besten Messketten beträchtliche Messabweichungen auftreten.

Als Referenzelektrolytlösung ist eine silberfreie Kaliumchloridlösung c = 3 mol/l zu empfehlen.

Die Messkette sollte möglichst nur kurze Zeit in stark alkalischen Lösungen belassen werden, da diese die Haltbarkeit der Messkette zum Teil erheblich kürzen.

Wahl der Messkette
- Membran aus Hochalkalimembranglas
- Elektrolytbrücke
- Überführung als Schliff
- Glasschaft oder Schaft aus alkalibeständigem Kunststoff
- beliebiger Kabelanschluss
- Kabellänge der Anwendung angepasst

Konzentrierte Säuren
Bei Säuren ist erst bei einem pH unter 0 mit Störungen zu rechnen. In diesem Fall sind die angezeigten Werte zu hoch. Weiterhin können in konzentrierten Säuren störende Überführungsspannungen die Messung stören.

Auch für den sauren Bereich sind Hochalkalimembranen besonders geeignet. Ein Schliff als Überführung mindert den Einfluss der Überführungsspannung. Für sehr reproduzierbare Messungen in konzentrierten Säuren ist eine Zweistab-Messkette zu empfehlen. Um den Einfluss der Säure so klein wie möglich zu halten, sollte auch hier die Messkette jeweils nur kurze Zeit in der Messlösung belassen werden. Ein zu langer Kontakt der Messkette mit einer konzentrierten Säure kann zu lang anhaltenden Messabweichungen bei der Messkette führen.

Lange Wässerungsphasen zwischen den Messungen mindern die durch Beläge verursachten Störungen.

Wahl der Messkette
- Membran aus Hochalkalimembranglas
- Elektrolytbrücke
- an die Messlösung angepasste Elektrolytlösung
- Überführung als Schliff
- Glasschaft oder Schaft aus säurebeständigem Kunststoff
- beliebiger Kabelanschluss
- Kabellänge der Anwendung angepasst

Flusssäure und Fluoride
Fluoride greifen das Membranglas selbst in leicht sauren Lösungen an. Bei abnehmendem pH nimmt die Reaktion der Ionen zu, die das Glas in kurzer Zeit auflösen. Für fluoridhaltige Lösungen bis zu einer Konzentration von $\beta = 0{,}2$ g/l und pH > 1 ist eine Messkette mit flusssäurefester Membran empfehlenswert.

Organische Flüssigkeiten
Ein typisches Problem bei den Messungen ist die lange Einstellzeit. Sie beruht auf der geringen Anzahl messbarer Ionen. Beim Wechsel zwischen verschiedenen Arten von Flüssigkeiten, insbesondere zwi-

schen wässrigen und organischen Flüssigkeiten, können Überführungsspannungen die Messungen erheblich stören. Die Messkette muss daher vor der Messung ausreichend lange in der organischen Flüssigkeit konditioniert werden und sollte nach Möglichkeit nur für einen Flüssigkeitstyp eingesetzt werden.

Ein weiteres Problem bereitet der in der Regel sehr hohe Widerstand der Flüssigkeiten. Die Messkette sollte daher selbst einen möglichst geringen Widerstand aufweisen. Eine Messkette mit einer

- dünnen Membran (Kugelmembran)
- Referenzelektrode mit Elektrolytbrücke
- Überführung als Schliff und
- einer auf die Messlösung angepassten teilorganischen Brückenelektrolytlösung ist geeignet.

Für Betriebsmessungen bietet sich auch die Verwendung eines ISFET-Sensors an.

Die Messungen sollten stets bei der gleichen Temperatur und unter den gleichen Messbedingungen ausgeführt werden und das Ergebnis möglichst mit allen Randbedingungen dokumentiert werden.

Literatur: 64, 65

3.5.3
Messen von Emulsionen, Suspensionen und Feststoffen

Emulsionen
Emulsionen, wie Körperpflegemittel oder Milch und Milchprodukte, verursachen längere Einstellzeiten. Die Werte driften und sind häufig schlecht reproduzierbar. Die Haltbarkeit der Messkette ist vermindert.

Für diese Messaufgabe kann eine Messkette mit Schliffdiaphragma und glycerinhaltiger, silberchloridfreier Elektrolytlösung ein geeignetes Mittel sein. In einigen Fällen hilft auch eine Messkette mit Elektrolytbrücke. Als Brückenelektrolytlösung kann eine Kaliumchloridlösung, gemischt mit Glycerin, Propanol oder Essigsäure, geeignet sein.

Die Messkette muss stets gleich tief in die Messlösung eintauchen. Sollte die Messkette keine stabilen Werte liefern, kann es notwendig sein, den Messwert jeweils nach einem festgelegten Zeitpunkt nach dem Eintauchen abzulesen.

Wahl der Messkette
- robuste Membran (Zylinder- oder Kegelmembran)
- Überführung mit Schliff
- Elektrolytlösung, glycerinhaltige, silberfreie Kaliumchloridlösung $c = 3$ mol/l
- beliebiger Schaft
- beliebiger Kabelanschluss
- Kabellänge der Anwendung angepasst

Literatur: 64

Suspensionen
Typische Probleme bei Messungen in Suspensionen wie Schlämmen oder Aufschlämmungen sind lange Einstellzeiten, driftende Werte und letztlich Messabweichungen.

Für Suspensionen ist eine Messkette mit einer Referenzelektrode, einem Schliff als Überführung und einer Kaliumchloridelektrolytlösung $c = 3$ mol/l geeignet.

Die Messkette muss stets gleich tief in die Suspension eintauchen, und es sollte nur kurz gerührt werden. Zum Ablesen des Messergebnisses den Rührer abschalten.

Sofern sich die Feststoffe absetzen, kann die Messung in der feststofffreien bzw. ärmeren Phase durchgeführt werden. Die in beiden Phasen gemessenen Werte können sich deutlich unterscheiden (Suspensionseffekt).

Wahl der Messkette
- robuste Membran (Zylinder- oder Kegelmembran)
- Überführung mit Schliff
- Elektrolytlösung, silberfreie Kaliumchloridlösung $c = 3$ mol/l
- beliebiger Schaft
- beliebiger Kabelanschluss
- Kabellänge der Anwendung angepasst

Literatur: 64, 66

Viskose Proben
Proben mit einer hohen Viskosität können Cremes, Fette oder Kosmetika sein.

Ein typisches Problem ist die schlechte Rührbarkeit der Probe. Die Bruchgefahr für die Messkette nimmt mit der Viskosität der Probe zu.

In Fällen, bei denen sich der Becher unter der Messkette zu drehen beginnt, ist schließlich ein Rühren der Probe nicht mehr möglich. Die Folge ist eine lange Einstellzeit der Messkette.

Für die Messung ist eine Messkette mit Schliffdiaphragma und teilorganischer Elektrolytlösung am günstigsten. Die Messkette muss stets gleich tief in die Probe eintauchen.

Wahl der Messkette
- beliebiger Membrantyp
- Überführung mit Schliff
- silberfreie, teilorganische Elektrolytlösung, der Anwendung angepasst
- Glasschaft
- beliebiger Kabelanschluss
- Kabellänge der Anwendung angepasst

Literatur: 64

Feststoffe
Feststoffproben dürfen nicht mit bloßen Händen angefasst werden. Bereits kleine Verunreinigungen oder Schweiß können in einigen Fällen das Messergebnis verfälschen. Beim Arbeiten mit den Proben sollten saubere Kunststoffhandschuhe getragen und die Proben auf einer sauberen Unterlage abgelegt werden.

Das Messverfahren hängt wesentlich von der Konsistenz der Proben ab: Einstichmessungen eignen sich für weiche, wasserhaltige Proben. Oberflächenmessungen sind besonders materialschonend für die Proben.

Messung im Einstich
Einstichmessungen erlauben den besten Rückschluss auf den pH-Wert der Probe. Geeignet ist dieses Verfahren z. B. für Messungen in Boden, Fleisch, Gemüse, Käse, Obst, Schinken oder Wurst. Probleme können die lange Einstellzeit und eine von der Feuchtigkeit abhängige Reproduzierbarkeit der Messung bereiten.

Für Einstichmessungen sind Messketten mit einer robusten Nadelmembran erhältlich. Die Messkette sollte ein Elektrolytpolymerisat in Verbindung mit einem Loch als Überführung enthalten.

Ein Problem ist die Reinigung der Messkette bei Proteinverunreinigungen. Die üblicherweise verwendete Pepsinreinigungslösung kann zu Störungen mit dem Polymerisat führen. Daher sollte möglichst nur die Membran der Messkette mit der Pepsinlösung gereinigt werden.

Bei harten Materialien kann mit Hilfe eines Vorstechdorns ein Loch in die Probe gestochen werden. Beim Messen sollte man auf guten Kontakt des Diaphragmas bzw. Elektrolytpolymerisats mit der Probe achten.

Proben mit sehr geringem Wasseranteil kann, so wenig wie nötig, entionisiertes Wasser zugesetzt werden. Die Menge an zugesetztem Wasser wird beim Ergebnis mit angegeben.

Wahl der Messkette (Einstichmessung)
- robuste Nadelmembran
- eingedickte Lösung und
- abziehbare Hülse mit Ringspalt (ggf. stattdessen Elektrolytpolymerisat mit einem Loch als Überführung)
- Kunststoffschaft
- beliebiger Kabelanschluss
- Kabellänge der Anwendung angepasst

Messung auf Oberflächen
In einigen Fällen ist nur eine Messung auf der Probenoberfläche möglich, wie z. B. auf den Seiten eines Buches oder Messungen auf der Haut. Dieser Wert ist somit deutlich von der Umgebung beeinflusst. Auch bei diesen Messungen sind die lange Einstellzeit und die Reproduzierbarkeit der Werte die wesentlichen Probleme.

Für die Oberflächenmessung gibt es spezielle Messketten mit einer flachen Glasmembran und einem auf Membranhöhe angebrachten Diaphragma. Einfache Messketten haben ein einzelnes, punktförmig angebrachtes Diaphragma. Bei besseren Messketten sind entweder mehrere Diaphragmen oder besser ein ringförmiges Diaphragma konzentrisch um die Membran angebracht.

Die Flachmembran und das Diaphragma sollen bei der Messung plan auf der Probe liegen. Damit die gesamte Membranoberfläche wirken kann, ist eine Mindestmenge an Flüssigkeit auf der zu untersuchenden Fläche erforderlich. Die Probe jedoch nur anfeuchten, wenn es unbedingt notwendig ist. Das Wasser zum Anfeuchten muss eine Leitfähigkeit unter 0,1 µS/cm und einen pH-Wert zwischen 6,8 und 7,2 haben.

Wahl der Messkette zur Oberflächenmessung
- Flachmembran
- silberfreie Elektrolytlösung
- Kaliumchloridlösung $c = 3\,\text{mol/l}$
- Überführung mit Ringspalt
- Kunststoffschaft
- beliebiger Kabelanschluss
- Kabellänge der Anwendung angepasst, ca. 1 m

3.6
Messung beenden

Entsprechend der Bedeutung der Messergebnisse kann ein Kalibrieren sinnvoll sein, um die zum Teil erheblichen Konsequenzen durch lagerungsbedingte Abweichungen zu vermeiden.

Die Messkette darf auf keinen Fall ohne vorhergehende Kalibrierung gereinigt werden!

3.6.1
Messkette abziehen

Die Messkette vor dem Ausschalten des Messgerätes vom Gerät abziehen und mit entionisiertem Wasser spülen. Bei einer an einem abgeschalteten pH-Meter angeschlossenen Messkette ist mit einer längeren Ansprechzeit und einer verkürzten Haltbarkeit zu rechnen. Ursache hierfür ist ein geringerer Innenwiderstand des abgeschalteten Messgerätes. Nur im eingeschalteten Zustand erreicht das Gerät den für eine pH-Messkette notwendigen Eingangswiderstand von mehr als 10^{12} Ohm.

Literatur: 15

3.6.2
Messkette lagern

Die Messkette wird normalerweise in einer mit der Referenzelektrolytlösung gefüllten Schutz- und Wässerungskappe aufbewahrt.

Für eine längere Aufbewahrung sind spezielle Aufbewahrungsgefäße erhältlich. Das von der Firma PROMINENT patentierte Gefäß ist ideal für Online-Messketten. Es hat einen großen Elektrolytvorrat und schützt auch das Einschraubgewinde vor Beschädigungen.

Die Firma Juchheim (JUMO) bietet dieses Aufbewahrungsgefäß für alle Messkettentypen. Der Schutz des Einschraubgewindes fehlt bei diesem Gefäß, dadurch ist es allerdings praktisch für alle Messketten geeignet.

Als Aufbewahrungslösung ist eine gesättigte Kaliumchloridlösung optimal. Die Aufbewahrung in der gesättigten Elektrolytlösung ist besonders für Messketten mit Elektrolytgel oder -polymerisat optimal, da die Rückdiffusion von Elektrolyt das Gel bzw. Polymerisat in gewissem Umfang regeneriert.

Ein ungeeignetes Aufbewahrungsmittel ist entionisiertes Wasser; die Membran nimmt viel Wasser auf und dem Bezugselektrolytsystem entzieht das Wasser unnötig viel Elektrolyt.

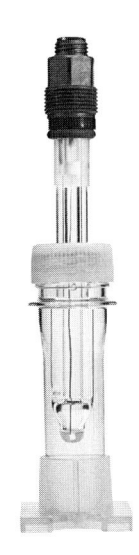

Aufbewahrungsgefäß der Firma Juchheim (Jumo)

Die Haltbarkeit einer Glaselektrode ist begrenzt. Der genaue Zeitraum hängt von den Einsatzbedingungen ab. Eine pH-Messkette altert auch dann, wenn sie nicht in Gebrauch ist. Die maximale Lagerzeit sollte bei kühler Aufbewahrung nicht mehr als ein Jahr betragen.

4
Anwendungsbeispiele

Dieses Kapitel enthält Beispiele für pH-Messungen in den verschiedensten Proben und unter den unterschiedlichsten Messbedingungen.

Die Grundlage dieser Verfahren sind in der Regel Normen.

Leider sind die Angaben der Normen in einigen Fällen unvollständig. In einigen Fällen beruhen sie auf falsch verstandenen Funktionen der Geräte, dies betrifft sehr häufig die Funktionsweise der Temperaturkompensationsfunktion. Im Gegensatz dazu sind die in diesem Buch gemachten Angaben komplett.

Unvollständig in den Normen ist häufig auch die Angabe für die Stabilität des Messwertes, so heißt es z. B.: „den Messwert übernehmen, sobald der Anzeigewert auf ΔpH = 0,01 stabil ist". Es fehlt das Zeitintervall des Stabilitätskriteriums. Korrekt sollte es beispielsweise heißen: „den Messwert übernehmen, sobald der Anzeigewert auf ΔpH = 0,01 für 30 Sekunden stabil ist", oder kürzer: „Stabilitätskriterium: 0,01/30 Sek."

In all diesen Fällen habe ich die Anweisungen ergänzt. Originalangaben sind durch die Darstellung mit dem Schrifttyp *„Scala Sans kursiv"* gekennzeichnet.

Meine eigenen Angaben sind durch den Schrifttyp „Scala Regular" gekennzeichnet.

In einigen Fällen sind auch beide Angaben mit der entsprechenden Kennzeichnung des Schrifttyps aufgeführt.

4.1
Messen in Feld und Betrieb

Feldmessungen erfolgen direkt am zu untersuchenden Prüfgegenstand, z. B. an einem Gewässer oder auf einem Acker.

Sie können zur Feststellung der pH-Bedingungen, aber auch zusätzlich z. B. für die Probenahme als Hilfsparameter dienen.

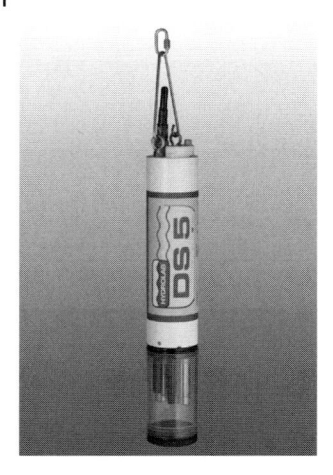

pH-Geber, Firma Ott

Bei Feldmessungen bestimmen die Messbedingungen und die richtige Messstelle das Messverfahren. Witterungsbedingungen und Aspekte der Arbeitsbedingungen können für das Verfahren ebenfalls entscheidend sein.

Betriebsmessungen erfolgen zur Überwachung von Produktionsvorgängen und Aufbereitungsabläufen, aber auch zur Kontrolle der kontinuierlich arbeitenden Messeinrichtungen. Die Messverfahren gleichen denen der Feldverfahren, auch wenn hier die Messbedingungen häufig nicht so extrem sind.

Vorteile der Feld- und Betriebsmessungen sind:
- sofort verfügbare Messergebnisse
- im Fall instabiler Proben eine geringere Unsicherheit der Ergebnisse als bei Messungen im Labor (Haupt-Unsicherheitsquellen der Labormessung sind häufig die Probenahme und der Probentransport)
- Ergebnisse, die die realen pH-Bedingungen wiedergeben
Besondere Anforderungen an die Messeinrichtung:
- geringes Gewicht
- robust, witterungsbeständig, gegebenenfalls wasserdicht
- schnelles Einstellverhalten
- ausreichende Kabellänge

4.1.1
Abwasser

Anwendungsbereich
Feldmessverfahren zur Messung des pH-Wertes in Abwasser.

Messeinrichtung

pH-Meter
- Auflösung $\Delta pH = 0{,}01$
- Schutzart: IP 67

pH-Messkette
- robuste Membran, Zylinder- oder Kegelmembran
- Elektrolytgel oder -polymerisat
- Überführung aus Keramik oder Faserdiaphragma
- Kunststoffschaft mit Membranschutz
- Festkabelanschluss
- Kabellänge der Anwendung angepasst, mind. 1,5 m

Temperatursensor

Messung
- Messkette in das Abwasser tauchen
- stabilen Messwert abwarten, Stabilitätskriterium: 1 mV/30 Sek.
- pH-Wert mit einer Nachkommastelle dokumentieren
- Temperaturwert ohne Nachkommastellen angeben
- die Messkette nach der Messung mit sauberem Wasser spülen

Literatur: 57, 58, 60

4.1.2 Fleisch (Schweinefleisch)

Anleitung zur pH-Messung im Fleisch von geschlachteten Tieren, Ingold Firmenschrift.

Anwendungsbereich
Betriebsmessverfahren zur Messung des pH in der unzerlegten Schweineschlachthälfte.

Messeinrichtung

pH-Meter
Auflösung $\Delta pH = 0{,}01$

pH-Messkette
- robuste Nadelmembran
- eingedickte Referenzelektrolytlösung und
- abziehbare Hülse mit Ringspalt (ggf. auch Elektrolytpolymerisat mit Loch als Überführung)
- Kunststoffschaft

- beliebiger Kabelanschluss
- Kabellänge der Anwendung angepasst
- Durchmesser $d = 35$ mm
- die Messkette vor der Verwendung desinfizieren

Vorstechdorn
Durchmesser d = 4 mm, mit Fingeröse und Einstichbegrenzung

Messung
Die Messung erfolgt im M. long. dorsi *im Bereich der Lendenwirbel oder im* M. semimembranaceus *in der Nähe des Fettansatzes bzw. Kastrationsnarbe.*

- den Vorstechdorn so in die Faust nehmen, dass die Spitze zwischen Ring- und Mittelfinger hervorsteht
- den Vorstechdorn 35 mm an der Messstelle einstechen
- den Vorstechdorn herausziehen
- pH-Messkette in das Loch stecken
- den Wert für die Probentemperatur am pH-Meter einstellen
- stabilen Messwert abwarten, Stabilitätskriterium: 1 mV/30 Sek.
- pH-Wert mit einer Nachkommastelle dokumentieren

Literatur: 4, 67, 68, 69, 70, 71

4.1.3
Grundwasser

Anwendungsbereich
Feldmessverfahren zur Messung des pH in Grundwasser.

Messeinrichtung
- Multiparameter-Messgerät
- Messgrößen: pH, Leitfähigkeit, Temperatur, ggf. weitere
- Auflösung $\Delta pH = 0{,}01$
- Schutzart: IP 67

pH-Messkette
- beliebiger Membrantyp
- Referenzelektrolytlösung, silberchloridfreie Kaliumchloridlösung $c = 3$ mol/l
- Überführung als Platindiaphragma, Kapillare oder Schliff
- Kunststoffschaft
- beliebiger Kabelanschluss
- Kabellänge max. 1 m

Durchflussgefäß für die Messung bei der Probenahme

Temperatursensor

Durchflussgefäß
Passend für alle erforderlichen Parameter. Zur Probenahme für biologische Parameter, ggf. aus abflammbarem Material (VA-Stahl).

Messung
- Durchflussgefäß mit der Pumpe verbinden
- Messkette in das Durchflussgefäß stecken
- Wasser bis zur Signalkonstanz durch das Gefäß pumpen, Stabilitätskriterium: 1 mV/30 Sek.
- pH-Wert mit einer Nachkommastelle dokumentieren
- Temperaturwert ohne Nachkommastellen angeben
- die Messkette nach der Messung mit sauberem Wasser spülen

Literatur: 16, 32, 57, 58, 59

4.1.4
Käse (Hartkäse)

pH-Bestimmungen im Käse, Arbeitsblatt ionenselektive Elektroden, Nr. 115, Firmenschrift Firma Ingold.

Anwendungsbereich
Betriebsmessverfahren zur Messung des pH in Hartkäse.

Messeinrichtung

pH-Meter
Auflösung ΔpH = 0,01

pH-Messkette
- robuste Nadelmembran
- eingedickte Referenzelektrolytlösung und
- abziehbare Hülse mit Ringspalt (ggf. auch Elektrolytpolymerisat mit Loch als Überführung)
- Kunststoffschaft
- beliebiger Kabelanschluss
- Kabellänge der Anwendung angepasst

Messgefäß
- konisches Glasröhrchen, Länge l = ca. 30 mm
- Durchmesser d_{Oben} = 7 und d_{Unten} = 4 mm

Messung
- 2 bis 5 g Probe in einem Mörser mit entionisiertem Wasser zu einer Paste verreiben
- die Paste in die weite Öffnung des Glasröhrchens drücken
- das enge Ende des Glasröhrchens mit dem Finger verschließen
- die Messkette bis zum Diaphragma in die Paste stechen
- den Wert für die Probentemperatur am pH-Meter einstellen
- stabilen Messwert abwarten, Stabilitätskriterium: 1 mV/30 Sek.
- pH-Wert mit einer Nachkommastelle dokumentieren

Literatur: 73

4.1.5
Käse (Schnittkäse)

pH-Bestimmungen im Käse, Arbeitsblatt ionenselektive Elektroden, Nr. 115, Firmenschrift Firma Ingold.

Anwendungsbereich
Betriebsmessverfahren zur Messung des pH auf Schnittkäse.

Messeinrichtung

pH-Meter
Auflösung $\Delta pH = 0,01$

pH-Messkette
- Flachmembran
- Referenzelektrolytlösung, silberchloridfreie Kaliumchloridlösung $c = 3$ mol/l
- Überführung als Ringspalt
- Kunststoffschaft
- beliebiger Kabelanschluss
- Kabellänge der Anwendung angepasst

Messung
- die pH-Messkette auf eine frische Schnittfläche setzen
- stabilen Messwert abwarten, Stabilitätskriterium: 1 mV/30 Sek.
- pH-Wert mit einer Nachkommastelle dokumentieren

Literatur: 72

4.1.6
Käse (Weichkäse)

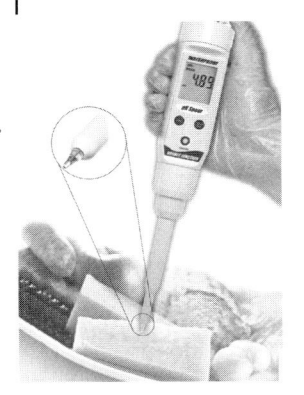

pH-Bestimmungen im Käse, Arbeitsblatt ionenselektive Elektroden, Nr. 115, Firmenschrift Firma Ingold.

Anwendungsbereich
Betriebsmessverfahren zur Messung des pH in Weichkäse.

Messeinrichtung

pH-Meter
Auflösung $\Delta pH = 0{,}01$

pH-Messkette
- robuste Nadelmembran
- eingedickte Lösung und
- abziehbare Hülse mit Ringspalt (ggf. auch Elektrolytpolymerisat mit Loch als Überführung)
- Kunststoffschaft
- beliebiger Kabelanschluss
- Kabellänge der Anwendung angepasst

Messung
- bei harter Rinde ein Loch mit einem Vorstechdorn stechen
- den verjüngten Teil der Messkette vollständig einstechen, auf guten Kontakt des Diaphragmas mit dem Käse achten
- den Wert für die Probentemperatur am pH-Meter einstellen
- stabilen Messwert abwarten, Stabilitätskriterium: 1 mV/30 Sek.
- pH-Wert mit einer Nachkommastelle dokumentieren

Literatur: 72

Messung mit einem pH-Stick, Typ: Eutech WP pH Spear

4.1.7
Regenwasser

VDI 3870-10, Messen von Regeninhaltsstoffen, Messen des pH-Wertes in Regenwasser, Entwurf 5/88.

Anwendungsbereich
Feldmessverfahren zur Messung des pH in Regenwasser.

Verfahrenskenndaten
- *Reproduzierbarkeit $\Delta \pm 0{,}01$*
- *Systematische Abweichung: bias: 0,05*

Messeinrichtung

pH-Meter
- *Eingangswiderstand:* $R \geq 10^{12}\ \Omega$
- Auflösung $\Delta pH = 0{,}01$
- Schutzart: IP 67

pH-Messkette
- *Membran aus Tieftemperaturglas*
- Referenzelektrolytlösung, silberchloridfreie Kaliumchloridlösung $c = 3$ mol/l (Originalangabe: *Kaliumchloridlösung* c = 1 mol/l)
- Überführung als Platindiaphragma oder Kapillare
- Kunststoffschaft
- beliebiger Kabelanschluss
- Kabellänge max. 1 m
- *Kettennullpunkt* $pH_0 = 7$
- *Diaphragmawiderstand* < 5 kΩ

Temperatursensor
Arbeitsbereich: 0 bis 50 °C

Künstliches Regenwasser

Stammlösung	Substanz	Konzentration
1	$NaNO_3$	1 g/l
2	KNO_3	1 g/l
3	$CaCl_2 \cdot 2\,H_2O$	1 g/l
4	$MgSO_4 \cdot 7\,H_2O$	1 g/l
5	NH_4Cl	1 g/l
6	$(NH_4)_2SO_4$	1 g/l
7	H_2SO_4	50 mmol/l
8	HNO_3	100 mmol/l
9	HCl	50 mmol/l
10	NaF	1 g/l

Kontrollproben
- Kontrolllösung I: pH = 4,30 ± 0,02
- Kontrolllösung II: pH = 3,59 ± 0,02

In ca. 3000 ml kohlensäurefreies, entionisiertes Wasser geben:

Kontrollprobe I	Kontrollprobe II	Stammlösung
2,455 g	4,910 g	1
0,650 g	1,290 g	2
0,285 g	0,920 g	3
1,025 g	2,055 g	4
1,500 g	–	5
–	18,335 g	6
2,500 g	7,500 g	7
0,050	5,000 g	8
–	2,500 g	9

Langsam Stammlösung 10 hinzugeben, so dass kein Calciumfluorid ausfällt.
Kontrolllösung I: 0,585 g Stammlösung 10
Kontrolllösung II: 1,175 g Stammlösung 10
Mit Wasser auf 5000 ml auffüllen und in 50 ml PE-Flaschen füllen.
Die Lösungen sind 6 Monate haltbar.

Messung
Nach einer Kalibrierung die Messkette in 20 ml künstlichem Regenwasser, mit *300 µl Kaliumchloridlösung* c = 3 mol/l versetzt, konditionieren.

Die Messung gleich nach der Entnahme aus dem Regensammler durchführen.

- 20 ml Probe in ein 25 ml Messgefäß geben, bei kleinerem Probevolumen ein entsprechend kleineres Gefäß und ggf. eine Mikromesskette verwenden
- Temperatur messen und am pH-Meter einstellen
- 300 µl Kaliumchloridlösung c = 3 mol/l zufügen, bei kleinerem Probenvolumen entsprechend weniger
- die Messkette mit 5 ml der Lösung spülen
- die Messkette in die aufbereitete Probe tauchen
- 10 Sekunden rühren
- Rührer abschalten
- stabilen Messwert abwarten, Stabilitätskriterium: 1 mV/30 Sek.

Literatur: 73, 62

4.1.8
Schwimmbeckenwasser

Anwendungsbereich

Betriebsmessverfahren zur Messung des pH in Schwimmbeckenwasser.

Messeinrichtung

pH-Meter
- Auflösung $\Delta pH = 0{,}01$
- Schutzart: IP 67

In Schwimmhallen ist das pH-Meter einer Dauerbelastung durch die hohe Luftfeuchtigkeit ausgesetzt.

pH-Messkette
- robuster Membrantyp, z. B. Zylinder- oder Kegelmembran
- eingedickte Referenzelektrolytlösung, -gel oder -polymerisat
- Keramik oder Faserdiaphragma
- Kunststoffschaft mit Membranschutz
- Festkabelanschluss
- Kabellänge der Anwendung angepasst, mind. 1,5 m

Temperatursensor

Messung
- Messkette in das Schwimmbeckenwasser tauchen
- Überwachung des Beckenwassers am Ablauf, 50 cm vom Beckenrand entfernt in 20 cm Tiefe
- Kontrollmessung der Mess- und Regelanlage
  - Wasserprobe über einen Schlauch in einen Becher laufen lassen
  - der Schlauch soll bis zum Boden des Bechers reichen
  - Bechervolumen mind. zweimal austauschen
  - Messkette in den gefüllten Becher tauchen
- stabilen Messwert abwarten, Stabilitätskriterium: 1 mV/30 Sek.
- pH-Wert mit einer Nachkommastelle dokumentieren
- Temperaturwert mit einer Nachkommastelle angeben
- die Messkette nach dem Messen mit sauberem Wasser spülen

Literatur: 57, 58, 74

Kontrolle des Schwimmbeckenwassers

4.1.9
Trinkwasser

Anwendungsbereich
Betriebsmessverfahren zur Messung des pH in Trinkwasser.

Messeinrichtung

pH-Meter
- Auflösung $\Delta pH = 0{,}01$
- Schutzart: IP 67

pH-Messkette
- beliebiger Membrantyp
- Referenzelektrolytlösung, silberchloridfreie Kaliumchloridlösung $c = 3$ mol/l
- Platindiaphragma oder Kapillare
- Kunststoffschaft
- beliebiger Kabelanschluss
- Kabellänge max. 1 m

Temperatursensor

Durchflussgefäß
Zur Probenahme für biologische Parameter ggf. aus abflammbarem Material (VA-Stahl).

Messung
- Durchflussgefäß mit der Wasserleitung verbinden
- Messkette in das Durchflussgefäß stecken
- Wasser bis zur Signalkonstanz durch das Gefäß laufen lassen, dabei beachten, dass kein Überdruck entsteht, der Messlösung in die Messkette drücken kann
- stabilen Messwert abwarten, Stabilitätskriterium: 1 mV/30 Sek.
- pH-Wert mit zwei Nachkommastellen dokumentieren
- Temperaturwert mit einer Nachkommastelle angeben
- die Messkette nach dem Messen mit sauberem Wasser spülen

Literatur: 55, 57, 58, 59

4.2
Messen im Labor

Labormessungen erfolgen z. B. zur Produktkontrolle oder im Rahmen von Forschungs- und Entwicklungsarbeiten. Für die Produktüberwachung sind vergleichbare Messwerte erforderlich. Die Messungen erfolgen daher unter standardisierten Bedingungen. Die Labormessung liefert nicht den realen pH-Wert einer Probe, sondern einen vergleichbaren pH-Wert.

Bei den Laborverfahren bestimmt die Standardisierung, also die Probenvorbereitung, den Verfahrensablauf.

Unbeständige Proben, wie Wasser und Schlamm, eignen sich kaum für die Labormessung; diese Messungen sollten stets im Feld oder im Betrieb ausgeführt werden.

Bei der Berechnung der Unsicherheit muss stets die Probenahme und der Transport berücksichtigt werden.

4.2.1
Bier

Untersuchung von Lebensmitteln, Messung des pH-Wertes in Bier, LMBG L 36.00-2, 5/89.

Anwendungsbereich
Labormessverfahren zur Messung des pH-Wertes in Bierproben.

Verfahrenskenndaten
- Wiederholbarkeit $r = 0{,}02$ $s_r = 0{,}008$
- Vergleichbarkeit $R = 0{,}19$ $R_s = 0{,}067$

Messeinrichtung

pH-Meter
Reproduzierbarkeit: $\sigma \pm 0{,}01$

pH-Messkette
- beliebiger Membrantyp
- Referenzelektrolytlösung, silberchloridfreie Kaliumchloridlösung $c = 3$ mol/l
- Überführung als Platindiaphragma, Kapillare oder Schliff
- Kunststoffschaft
- beliebiger Kabelanschluss
- beliebige Kabellänge

Temperatursensor

Faltenfilter
Durchmesser d = 32 cm

Messung
- *300 bzw. 500 ml Probe in einen 1000-ml-Messkolben mit Stopfen füllen*
- *kräftig schütteln, bis beim Öffnen des Kolbens kein Gas mehr entweicht*
- *Restgas durch Filtrieren oder 15 Min. im Ultraschallbad entfernen*
- *Probe auf 20 °C ± 2 K temperieren*
- *Messkette und Temperatursensor eintauchen*
- *stabilen Wert abwarten, Stabilitätskriterium: 1 mV/30 Sek.*
- *pH-Wert mit zwei Nachkommastellen dokumentieren*
- *Temperaturwert mit einer Nachkommastelle angeben*
- *Messkette nach dem Messen mit sauberem Wasser spülen*

Literatur: 75, 76

4.2.2
Boden I

Bodenuntersuchungsverfahren im landwirtschaftlichen Wasserbau, chemische Laboruntersuchungen, Bestimmung des pH-Wertes des Bodens und Ermittlung des Kalkbedarfs, DIN 19684 Teil 1, 2/77.

Anwendungsbereich
Labormessverfahren zur Messung des pH in Bodenproben.

Messeinrichtung

pH-Meter
Auflösung $\Delta pH = 0{,}01$

pH-Messkette
- robuste Membran, Zylinder- oder Kegelmembran
- Referenzelektrolytlösung, silberchloridfreie Kaliumchloridlösung $c = 3$ mol/l
- Überführung als Schliff
- beliebiger Schaft
- beliebiger Kabelanschluss
- beliebige Kabellänge

Temperatursensor

Analysenwaage

Messung
- *10 g lufttrockene Probe einwiegen*
- *25 ml Calciumchloridlösung c = 0,01 mol/l zusetzen*
- *Probe intensiv rühren*
- *Probe mind. 1 Stunde stehen lassen*
- *Probe gründlich aufwirbeln*
- *Messkette und Temperatursensor eintauchen*
- stabilen Wert abwarten, Stabilitätskriterium: 1 mV/30 Sek.
- pH-Wert mit zwei Nachkommastellen dokumentieren
- Temperaturwert mit einer Nachkommastelle angeben
- Messkette mit Wasser spülen

Literatur: 34, 77, 78

4.2.3
Boden II

Bodenbeschaffenheit, Bestimmung des pH-Wertes, ISO 10390, 1994

Anwendungsbereich
Labormessverfahren zur Messung des pH in Bodenproben.

Verfahrenskenndaten
Wiederholbarkeit
- *Bereich pH ≤ 7,00: r = 0,15*
- *Bereich 7,00 > pH > 7,50: r = 0,20*
- *Bereich 7,50 ≤ pH ≤ 8,00: r = 0,30*
- *Bereich pH > 8: r = 0,40*

Messeinrichtung

pH-Meter
Auflösung $\Delta pH = 0,01$

pH-Messkette
- robuste Membran, Zylinder- oder Kegelmembran
- Referenzelektrolytlösung, silberchloridfreie Kaliumchloridlösung $c = 3$ mol/l
- Überführung als Schliff
- beliebiger Schaft
- beliebiger Kabelanschluss
- beliebige Kabellänge

Temperatursensor

Magnetrührer

Messung
- *5 ml Probe mit einem entsprechenden Löffel oder bei max. 40 °C getrocknete Probe entnehmen*
- *Fraktion < 2 mm*
- *25 ml einer der folgenden Extraktionslösungen zusetzen*
- *Wasser, Calciumchloridlösung c = 0,01 mol/l oder Kaliumchloridlösung c = 1 mol/l*
- *kräftig schütteln*
- *2 h bis 24 h stehen lassen*
- *Temperaturabweichung zur Pufferlösung max. 1 K*
- *sorgfältig schütteln*
- *Messkette und Temperatursensor eintauchen und in der sich absetzenden Suspension messen*
- *stabilen Wert abwarten, Stabilitätskriterium: $\Delta pH/t = 0,02/5$ Sek.*
- *pH-Wert mit zwei Nachkommastellen dokumentieren*
- *Temperaturwert mit einer Nachkommastelle angeben*
- *Messkette mit Wasser spülen*

Literatur: 34, 77, 78

4.2.4 Moorboden

Bodenuntersuchungsverfahren im landwirtschaftlichen Wasserbau, chemische Laboruntersuchungen, Bestimmung des pH-Wertes des Bodens und Ermittlung des Kalkbedarfs, DIN 19684 Teil 1, 2/77.

Anwendungsbereich
Labormessverfahren zur Messung des pH in Bodenproben.

Messeinrichtung

pH-Meter
Auflösung $\Delta pH = 0,01$

pH-Messkette
- robuste Membran, Zylinder- oder Kegelmembran
- Referenzelektrolytlösung, silberchloridfreie Kaliumchloridlösung $c = 3$ mol/l
- Überführung als Schliff
- beliebiger Schaft
- beliebiger Kabelanschluss
- beliebige Kabellänge

4 Anwendungsbeispiele

Temperatursensor

Messung
- *25 ml feldfeuchte Probe, Siebdurchgang 10 mm*
- *75 ml Calciumchloridlösung zusetzen*
- *Probe intensiv rühren*
- *Probe mind. 1 Stunde stehen lassen*
- *Probe gründlich aufwirbeln*
- *Messkette und Temperatursensor eintauchen*
- stabilen Wert abwarten, Stabilitätskriterium: 1 mV/30 Sek.
- pH-Wert mit zwei Nachkommastellen dokumentieren
- Temperaturwert mit einer Nachkommastelle angeben
- Messkette mit Wasser spülen

Literatur: 34, 77, 78

4.2.5
Kasein und Kaseinate

Untersuchung von Lebensmitteln, Bestimmung des pH-Wertes von Kasein und Kaseinaten, Referenzverfahren, LMBG L 02.09-6, 5/86.

DIN 10456, Bestimmung des pH-Wertes von Kaseinen und Kaseinaten, Referenzverfahren, 4/89.

Anwendungsbereich
Labormessverfahren zur Messung des pH in Kasein- und Kaseinatproben.

Verfahrenskenndaten

Casein
- Wiederholbarkeit (Doppelbestimmung): 0,10
- Vergleichbarkeit (Doppelbestimmung): 0,20

Caseinate
- Wiederholbarkeit (Doppelbestimmung): 0,05
- Vergleichbarkeit (Doppelbestimmung): 0,15

Messeinrichtung

pH-Meter
Auflösung $\Delta pH = 0,01$

pH-Messkette
- beliebiger Membrantyp
- Referenzelektrolytlösung, silberchloridfreie Kaliumchloridlösung c = 3 mol/l
- Überführung als Platindiaphragma, Kapillare oder Schliff
- beliebiger Schaft
- beliebiger Kabelanschluss
- beliebige Kabellänge

Temperatursensor

Messgefäß
Becherglas, Volumen v = 50 ml

Magnetrührer

Analysenwaage

Sieb
Durchmesser 200 mm, Maschenweite 0,5 mm

Messung
- *die Probe durch wiederholtes Schütteln und Stürzen sorgfältig mischen*
- *50 g Probe durch das Sieb passieren, die Probe nötigenfalls zerkleinern*
- *5,0 g Probe in einen 30 ml Erlenmeyerkolben einwiegen (Doppelmessung durchführen)*
- *30 ml Wasser, T = 20 °C zugeben*
- *10 Sekunden mit der Hand schütteln*
- *20 Minuten bei 20 °C stehen lassen*
- *etwa 20 ml der überstehenden Flüssigkeit in ein Becherglas dekantieren*
- *Messkette und Temperatursensor eintauchen*
- *stabilen Wert abwarten, Stabilitätskriterium: 1 mV/30 Sek.*
- *pH-Wert mit zwei Nachkommastellen dokumentieren*
- *Temperaturwert mit einer Nachkommastelle angeben*
- *die Messkette mit Wasser spülen und mit einem Papiertuch abwischen*

Literatur: 79, 80, 81, 82, 83

4.2.6
Fleisch und Fleischerzeugnissen

Messung des pH-Wertes in Fleisch und Fleischerzeugnissen, LMBG L 06.00-2, 9/80.

Anwendungsbereich
Labormessverfahren zur Messung des pH in Proben von Fleisch und Fleischerzeugnissen.

Verfahrenskenndaten
- *Wiederholbarkeit r = 0,04 s_r = 0,014*
- *Vergleichbarkeit R = 0,12 R_s = 0,042*

Messeinrichtung

pH-Meter
Reproduzierbarkeit: $\Delta pH \pm 0,05$

pH-Messkette
- beliebiger Membrantyp
- Referenzelektrolytlösung, silberchloridfreie Kaliumchloridlösung c = 3 mol/l
- Überführung als Platindiaphragma, Kapillare oder Schliff
- Kunststoffschaft
- beliebiger Kabelanschluss
- beliebige Kabellänge

Einstich-Temperatursensor

Messung
- *sehr trockene Proben zerkleinern und mit der gleichen Menge Wasser homogenisieren*
- *Probe auf 20 °C ± 2 K temperieren*
- *Messkette und Temperatursensor in die Probe stechen*
- stabilen Wert abwarten, Stabilitätskriterium: 1 mV/30 Sek.
- pH-Wert mit zwei Nachkommastellen dokumentieren
- Temperaturwert mit einer Nachkommastelle angeben
- *Messkette mit wassergesättigtem Diethyläther und alkoholgetränkter Watte reinigen und anschließend mit Wasser spülen*

Literatur. 84, 85, 86, 87, 88, 89, 90, 91, 92

4.2.7
Fruchtsaft

Messung des pH-Wertes in Fruchtsäften, LMBG L 31.00-2, 5/80.

Anwendungsbereich
Labormessverfahren zur Messung des pH in Fruchtsaftproben.

Messung in Getränken, Firma Sartorius

Verfahrenskenndaten
- Wiederholbarkeit $r = 0,03$ $s_r = 0,009$
- Vergleichbarkeit $R = 0,12$ $R_s = 0,042$

Messeinrichtung

pH-Meter
Reproduzierbarkeit: $\Delta pH = 0,01$

pH-Messkette
- beliebiger Membrantyp
- Referenzelektrolytlösung, silberchloridfreie Kaliumchloridlösung $c = 3$ mol/l
- Überführung als Platindiaphragma, Kapillare oder Schliff
- beliebiger Schaft
- beliebiger Kabelanschluss
- beliebige Kabellänge

Temperatursensor

Messung
- *Probe in einen Erlenmeyerkolben füllen*
- *Kolben mit einem Stopfen verschließen*
- *Kolben kräftig schütteln bis beim Öffnen des Stopfens kein Gas mehr entweicht*
- *Probe auf 20 °C ± 2 K temperieren*
- *Messkette und Temperatursensor eintauchen*
- *stabilen Wert abwarten, Stabilitätskriterium: 1 mV/30 Sek.*
- *pH-Wert mit zwei Nachkommastellen dokumentieren*
- *Temperaturwert mit einer Nachkommastelle angeben*
- *Messkette nach der Messung mit sauberem Wasser spülen*

Literatur: 90, 93

4.2.8
Kaffee-Extrakt

DIN 10776 Teil 2, Untersuchung von Kaffee und Kaffee-Erzeugnissen, Bestimmung des pH-Wertes und des Säuregrads, Verfahren für Kaffee-Extrakt, 3/91.

Anwendungsbereich
Labormessverfahren zur Messung des pH in Kaffee-Extraktproben.

Verfahrenskenndaten
- *Wiederholbarkeit* r = 0,05
- *Vergleichbarkeit* R = 0,15

Messeinrichtung

pH-Meter
- *Eingangswiderstand:* $R \geq 10^{12}\ \Omega$
- *Auflösung* $\Delta pH = 0,01$

pH-Messkette
- beliebiger Membrantyp
- Referenzelektrolytlösung, silberfreie Kaliumchloridlösung
  $c = 3$ mol/l *(Originalanforderung: Kaliumchloridlösung $c = 1$ mol/l)*
- Überführung als Schliff
- *Kettennullpunkt* $pH_0 = 7$
- beliebiger Schaft
- beliebiger Kabelanschluss
- beliebige Kabellänge

Temperatursensor

Messgefäß
Becher, Volumen v = 100 ml

Magnetrührer

Analysenwaage

Messung
- 0,600 ± 0,100 g *Probe in den Becher einwiegen*
- *50 ml entionisiertes Wasser hinzu pipettieren*
- *10 Min. bei Raumtemperatur unter gelegentlichen Schwenken stehen lassen*

- *Messkette und Temperatursensor eintauchen*
- stabilen Wert abwarten, Stabilitätskriterium: 1 mV/30 Sek.
- pH-Wert mit zwei Nachkommastellen dokumentieren

Literatur: 95, 96

4.2.9
Kühlschmierstoffe (wassergemischt)

Prüfung von Kühlschmierstoffen, Bestimmung des pH-Wertes von wassergemischten Kühlschmierstoffen, DIN 51369, 11/90.

Anwendungsbereich
Labormessverfahren zur Messung des pH in Proben wassergemischter Kühlschmierstoffe.

Verfahrenskenndaten
- Wiederholbarkeit $r = 0{,}2$
- Vergleichbarkeit $R = 0{,}3$

Messeinrichtung

pH-Meter
Auflösung $\Delta\text{pH} = 0{,}01$

pH-Messkette
- beliebiger Membrantyp
- Referenzelektrolytlösung, silberfreie, gesättigte Kaliumchloridlösung
- Überführung als Schliff
- Beliebiger Schaft
- beliebiger Kabelanschluss
- beliebige Kabellänge

Temperatursensor

Reinstwasser
Kohlendioxidfreies, über Quarz destilliertes Wasser mit einer Leitfähigkeit $\gamma < 0{,}2$ mS/m und einem Glührückstand < 2 mg/l.

Messung
- *Fremdstoff und abgesetztes Öl im Scheidetrichter abtrennen*
- *Probe auf 20 °C ± 1 K temperieren*
- *Messkette und Temperatursensor eintauchen*
- stabilen Wert abwarten, Stabilitätskriterium: 1 mV/30 Sek.
  (Originalangabe: *nach 30 Sekunden den Wert ablesen*)

- pH-Wert mit einer Nachkommastelle dokumentieren
- Temperaturwert mit einer Nachkommastelle dokumentieren
- *die Messkette mit 2-Propanol und Rein-Toluol spülen*

Literatur: 97

4.2.10
Latex

DIN 53606, Prüfung von Latex, Bestimmung des pH-Wertes.

Anwendungsbereich
Labormessverfahren zur Messung des pH in Latexproben.

Verfahrenskenndaten
- Wiederholbarkeit $r = 0{,}05$
- Vergleichbarkeit $R = 0{,}15$

Messeinrichtung

pH-Meter
Auflösung $\Delta pH = 0{,}01$

pH-Messkette
- beliebiger Membrantyp
- Referenzelektrolytlösung, silberfreie, gesättigte Kaliumchloridlösung
- Überführung als Schliff
- beliebiger Schaft
- beliebiger Kabelanschluss
- beliebige Kabellänge

Temperatursensor

Messgefäß
Becherglas, Volumen $v = 100$ ml

Messung
Dreifachbestimmung durchführen
- 50 ml Probe auf 23 ± 1 °C temperieren
- Messkette mit Wasser spülen
- Messkette und Temperatursensor eintauchen
- stabilen Wert abwarten, Stabilitätskriterium: 1 mV/30 Sek.
- pH-Wert mit einer Nachkommastelle dokumentieren
- Temperaturwert mit einer Nachkommastelle dokumentieren

- wiederholen, sofern die Abweichung zwischen den Werten größer $\Delta pH = 0{,}2$ ist
- Messkette mit Wasser spülen

Literatur: 98, 99

4.2.11
Margarine und Halbfettmargarine

Untersuchung von Lebensmitteln, Bestimmung des pH-Wertes in Margarine, LMBG L 13.05-5, 5/84.

Untersuchung von Lebensmitteln, Bestimmung des pH-Wertes in Halbfettmargarine, LMBG L 13.06-5, 5/84.

Anwendungsbereich
Labormessverfahren zur Messung des pH in Margarine- und Halbfettmargarineproben.

Verfahrenskenndaten
- Wiederholbarkeit $r = 0{,}02$, $s_{(r)} \pm 0{,}01$
- Vergleichbarkeit $R = 0{,}10$, $s_{(R)} \pm 0{,}03$

Messeinrichtung

pH-Meter
- *Reproduzierbarkeit $\Delta \leq 0{,}05$*

pH-Messkette
- beliebiger Membrantyp
- eingedickte Lösung und
- abziehbare Hülse mit Ringspalt (ggf. Referenzelektrode mit Schliff und glycerinhaltige, silberchloridfreie Kaliumchloridlösung)
- Kunststoffschaft
- beliebiger Kabelanschluss
- Kabellänge max. 1 m

Temperatursensor

Messung
- *keine Probe von den Außenkanten nehmen*
- *sofern erforderlich, Mischproben bei einer Temperatur zwischen 18 °C und 24 °C erzeugen*
- *ein Becherglas v = 400 ml vollständig mit Probe füllen*
- *Probe auf 60 °C temperieren*

- *nach dem Schmelzen 20 ml abgesetztes Serum abziehen*
- *die Probe über einen Faltenfilter in ein 25-ml-Becherglas filtrieren (anstelle des Filtrierens kann auch zentrifugiert werden)*
- *Messkette und Temperatursensor in die Probe tauchen*
- stabilen Wert abwarten, Stabilitätskriterium: 1 mV/30 Sek.
- pH-Wert mit zwei Nachkommastellen dokumentieren
- Temperaturwert mit einer Nachkommastellen angeben
- Messkette mit wassergesättigtem Diethyläther und alkoholgetränkter Watte reinigen und anschließend mit Wasser spülen

Literatur: 100, 101

4.2.12
Mayonnaise und emulgierte Soßen

Messung des pH-Wertes in Mayonnaise und emulgierten Soßen, LMBG L 20.01/02, 5/80.

Anwendungsbereich
Labormessverfahren zur Messung des pH in Proben von Mayonnaise und emulgierten Soßen.

Messeinrichtung

pH-Meter
- *Wiederholbarkeit ± 0,05*
- *Vergleichbarkeit ± 0,10*

pH-Messkette
- beliebiger Membrantyp
- eingedickte Referenzelektrolytlösung und
- abziehbare Hülse mit Ringspalt (ggf. Referenzelektrode mit Schliff und glycerinhaltige, silberchloridfreie Kaliumchloridlösung c = gesättigt als Referenzelektrolytlösung)
- Kunststoffschaft
- beliebiger Kabelanschluss
- Kabellänge max. 1 m

Temperatursensor

Messung
- *Probe in einen Becher füllen*
- *Probe auf 20 °C ± 2 K temperieren*
- *Messkette und Temperatursensor in die Probe tauchen*
- stabilen Wert abwarten, Stabilitätskriterium: 1 mV/30 Sek.

- pH-Wert mit zwei Nachkommastellen dokumentieren
- Temperaturwert mit einer Nachkommastelle angeben
- Messkette mit wassergesättigtem Diethyläther und alkoholgetränkter Watte reinigen und anschließend mit Wasser spülen

Literatur: 102

4.2.13
Meerwasser

Grasshoff, K., Seawater analysis, S. 85–97, Verlag Chemie, 1983.

Anwendungsbereich
Labormessverfahren zur Messung des pH in Meerwasserproben.

Verfahrenskenndaten
Reproduzierbarkeit: $\sigma \pm 0{,}005$

Messeinrichtung

pH-Meter
Auflösung $\Delta pH = 0{,}001$

pH-Messkette
- beliebiger Membrantyp
- Elektrolytlösung, silberfreie Kaliumchloridlösung $c = 3$ mol/l
- Überführung als Platindiaphragma, Kapillare oder Schliff (Originalanforderung: Durchmesser der Überführung: $d \geq 2$ mm)
- beliebiger Kabelanschluss
- beliebige Kabellänge
- *Widerstand: max. 30 MΩ*

Temperatursensor

Messung
- *Messgefäß zweimal mit der Probe spülen*
- *Messgefäß langsam mit der Probe füllen*
- *Probe auf 20 °C ± 1 K (oder 25 °C) temperieren*
- stabilen Messwert abwarten, Stabilitätskriterium: 1 mV/30 Sek. (Originalangabe: *Messwert nach 30 bis 60 s ablesen*)
- pH-Wert mit drei Nachkommastellen angeben
- Temperaturwert ohne Nachkommastellen angeben

Literatur: 103

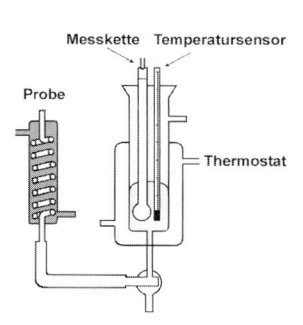

Messanordnung für die Meerwassermessung

4.2.14
Papier, Pappe und Zellstoff

DIN 53124, Papier, Pappe und Zellstoff, Bestimmung des pH-Wertes in wässrigen Extrakten, 11/88.

Anwendungsbereich
Labormessverfahren zur Messung des pH in Papier-, Pappe- und Zellstoffproben.

Messeinrichtung

pH-Meter
Auflösung $\Delta pH = 0{,}05$

pH-Messkette
- beliebiger Membrantyp
- Referenzelektrolytlösung, silberfreie Kaliumchloridlösung $c = 3$ mol/l
- Überführung als Platindiaphragma, Kapillare oder Schliff
- beliebiger Schaft
- beliebiger Kabelanschluss
- beliebige Kabellänge

Temperatursensor

Messung
- *pH-neutrale Handschuhe anziehen*
- *Papier in 5×5 mm große Stücke reißen oder schneiden*
- *$2{,}0 \pm 0{,}1$ g Probe von der Bestimmung des Trockengehaltes in einen Kolben einwiegen*

Heißextraktion
- *100 ml Wasser in einen Kolben füllen*
- *Rückflusskühler aufsetzen*
- *kochen*
- *Kühler abnehmen*
- *Probe zugeben*
- *Kühler aufsetzen*
- *1 Stunde schwach sieden*
- *auf 20 bis 25 °C abkühlen*
- *Extrakt dekantieren*

Kaltextraktion
- *100 ml Wasser*
- *Probe zugeben*
- *mit Stopfen verschließen*
- *1 Stunde bei 20 °C bis 25 °C stehen lassen, gelegentlich schütteln*
- *Extrakt dekantieren*

Doppelmessung durchführen
- Messkette und Temperatursensor in den Extrakt tauchen
- stabilen Wert abwarten, Stabilitätskriterium: 1 mV/30 Sek. (Originalangabe: *nach ca. 2 Minuten ablesen*)
- pH-Wert mit einer Nachkommastelle dokumentieren

Literatur: 19, 104, 105

4.2.15
Phenolharze

Kunststoffe, Phenolharze, Messung des pH-Wertes, DIN ISO 8975, 1/92.

Anwendungsbereich
Labormessverfahren zur Messung des pH in Phenolharzproben.

Messeinrichtung

pH-Meter
Auflösung $\Delta pH = 0{,}1$

pH-Messkette
- beliebiger Membrantyp
- Referenzelektrolytlösung, silberfreie Kaliumchloridlösung
  $c = 3$ mol/l
- Überführung als Schliff
- Glasschaft
- beliebiger Kabelanschluss
- beliebige Kabellänge

Temperatursensor

Messgefäß
Becherglas, Volumen $v = 100$ ml

Messung
- Probe 1 : 1 mit Wasser mischen
- Mischung auf 23 °C ± 0,5 K temperieren
- bei Phasentrennung warten, bis ausreichend wässrige Phase zur Verfügung steht
- Prüflösung in den Becher füllen
- Messkette und Temperatursensor eintauchen
- stabilen Wert abwarten, Stabilitätskriterium: 1 mV/30 Sek.
- pH-Wert mit einer Nachkommastelle dokumentieren
- *Doppelmessung durchführen, die Messungen wiederholen, sofern die Differenz der Messwerte größer als $\Delta pH = 0{,}2$ ist*

Literatur: 106

4.2.16
Phenolharz (fest)

Kunststoffe, Phenolharze, Messung des pH-Wertes, DIN ISO 8975, 1/92.

Anwendungsbereich
Labormessverfahren zur Messung des pH in festen Phenolharzproben.

Messeinrichtung

pH-Meter
Auflösung $\Delta pH = 0{,}1$

pH-Messkette
- beliebiger Membrantyp
- Elektrolytlösung, silberfreie Kaliumchloridlösung $c = 3$ mol/l
- Überführung als Schliff
- Glasschaft
- beliebiger Kabelanschluss
- beliebige Kabellänge

Temperatursensor

Messgefäß
Becher, Volumen v = 100 ml

Lösemittelgemische
Wasser (20 ± 1 g) + Methanol (40 ± 1 g) + Aceton (40 ± 1 g)

Alternativ
- Wasser + Xylol
- Wasser + Toluol

Messung
- 80 g ± 1 g Lösemittelgemisch einwiegen
- Gemisch rühren
- Gemisch auf 23 °C ± 0,5 K temperieren
- Messkette und Temperatursensor eintauchen
- stabilen Wert abwarten, Stabilitätskriterium: 1 mV/30 Sek.
- *Das Gemisch soll einen Wert von pH = 7,0 ± 0,1 haben, sonst mit Natriumhydroxidlösung oder Salzsäure neutralisieren*
- 20 g ± 1 g Probe in das Lösungsmittelgemisch geben
- Lösung auf 23 °C ± 0,5K temperieren
- Messkette und Temperatursensor eintauchen
- stabilen Wert abwarten, Stabilitätskriterium: 1 mV/30 Sek.
- pH-Wert mit einer Nachkommastelle dokumentieren
- *Doppelmessung durchführen, die Messungen wiederholen, sofern die Differenz der Messwerte größer als ΔpH = 0,2 ist*

Literatur: 106

4.2.17
Pigmente und Füllstoffe

Allgemeine Verfahren für Pigmente und Füllstoffe, Bestimmung des pH-Wertes einer wässrigen Suspension, DIN ISO 787 Teil 9, 8/83.

Anwendungsbereich
Labormessverfahren zur Messung des pH in Pigment und Füllstoffproben.

Messeinrichtung

pH-Meter
- *Auflösung ΔpH = 0,1*

pH-Messkette
- beliebiger Membrantyp
- Referenzelektrolytlösung, silberfreie Kaliumchloridlösung $c = 3$ mol/l
- Überführung als Schliff
- Glasschaft
- beliebiger Kabelanschluss
- beliebige Kabellänge

Temperatursensor

Messgefäß
Becher, Volumen v = 50 ml

Messung
- 80 ± 1 g Lösemittelgemisch einwiegen
- Gemisch rühren
- Gemisch auf 23 °C ± 0,5 K temperieren
- Messkette und Temperatursensor eintauchen
- stabilen Wert abwarten, Stabilitätskriterium: 1 mV/30 Sek.
- das Gemisch soll einen Wert von pH = 7,0 ± 0,1 haben, sonst mit Natriumhydroxidlösung oder Salzsäure neutralisieren
- eine 10%ige Suspension der Probe (bei geringer Dichte größeres Verhältnis) verwenden
- Suspension kräftig schütteln
- Suspension 5 Minuten stehen lassen
- Messkette und Temperatursensor eintauchen
- stabilen Wert abwarten, Stabilitätskriterium: 1 mV/30 Sek.
- pH-Wert mit einer Nachkommastelle dokumentieren
- Doppelbestimmung durchführen, die Messungen wiederholen, sofern die Differenz der Messwerte größer als $\Delta pH = 0,3$ ist

Literatur: 107

4.2.18
Röstkaffee

Untersuchung von Lebensmitteln, Bestimmung des pH-Werts und des Säuregrads, Verfahren für Rohkaffee, L-14, LMBG L 46.02-3, 11/87.

DIN 10776 Teil 1, Untersuchung von Kaffee und Kaffeeerzeugnissen, Bestimmung des pH-Wertes und des Säuregrads, Verfahren für Röstkaffee, 4/87.

Anwendungsbereich
Labormessverfahren zur Messung des pH in Röstkaffeeproben.

Verfahrenskenndaten
- Wiederholbarkeit $r = 0,05$
- Vergleichbarkeit $R = 0,26$

Messeinrichtung

pH-Meter
- Eingangswiderstand: $R \geq 10^{12}\,\Omega$
- Auflösung $\Delta pH = 0{,}01$

pH-Messkette
- beliebiger Membrantyp
- Referenzelektrolytlösung, silberfreie Kaliumchloridlösung
  $c = 3\,mol/l$
  (Originalanforderung: *Kaliumchloridlösung c = 1 mol/l*)
- Überführung als Schliff
- *Kettennullpunkt $pH_0 = 7$*
- beliebiger Schaft
- beliebiger Kabelanschluss
- beliebige Kabellänge

Temperatursensor

Messgefäß
Becherglas, Volumen v = 100 ml

Magnetrührer

Analysenwaage

Messung
- 10 g Probe extrahieren
- Extrakt mit entionisiertem Wasser auf 250 ml auffüllen
- Extrakt filtrieren
- 50 ml filtrierten Extrakt in den Becher füllen
- Messkette und Temperatursensor eintauchen
- stabilen Wert abwarten, Stabilitätskriterium: 1 mV/30 Sek.
- pH-Wert mit zwei Nachkommastellen dokumentieren

Literatur: 108, 109

4.2.19
Schlamm

Charakterisierung von Schlamm, Bestimmung des pH-Wertes, DIN EN 12176, 1998.

Anwendungsbereich
Labormessverfahren zur Messung des pH in Schlammproben.

Messeinrichtung

pH-Meter
Auflösung $\Delta pH = 0,01$

pH-Messkette
- robuste Membran, Zylinder- oder Kegelmembran
- Referenzelektrolytlösung, silberfreie Kaliumchloridlösung $c = 3$ mol/l
- Überführung als Schliff
- beliebiger Schaft
- beliebiger Kabelanschluss
- beliebige Kabellänge

Temperatursensor

Messung
- 100 ml Schlamm, Trockengehalt ≤ 5 g in einen Becher füllen
- pastöse und feste Schlämme entsprechend ca. 5 g Trockenmasse einwiegen und mit Wasser auf 100 ml verdünnen
- Schlamm mind. 15 Minuten schütteln bis eine gleichmäßige Dispersion vorliegt
- Messkette und Temperatursensor eintauchen
- stabilen Wert abwarten, Stabilitätskriterium: 1 mV/30 Sek. (Originalangabe: *nach 30 bis 60 s messen*)
- pH-Wert mit zwei Nachkommastellen dokumentieren
- Messkette mit Wasser spülen

Literatur: 17

4.2.20
Stärke und Stärkeerzeugnisse

DIN 10389, Untersuchung von Stärke und Stärkeerzeugnissen, Bestimmung des pH-Wertes und Säuregrads, 8/85.

Anwendungsbereich
Labormessverfahren zur Messung des pH in Proben von Stärke und Stärkeerzeugnissen.

Messeinrichtung

pH-Meter
- *Eingangswiderstand:* $R \geq 10^{12}$ Ω
- *Auflösung* $\Delta pH = 0,01$

pH-Messkette
- beliebiger Membrantyp
- Referenzelektrolytlösung, *Kaliumchloridlösung* c = 1 mol/l
- Überführung als Schliff
- Kettennullpunkt $pH_0 = 7$
- beliebiger Schaft
- beliebiger Kabelanschluss
- beliebige Kabellänge

Temperatursensor

Sieb
Maschenweite: 0,2 mm

Messung
- *die Probe durch das Sieb passieren, gegebenenfalls zerkleinern*
- *10 g ± 0,1 g Probe in einen Becher einwiegen*
- *100 ml Wasser zusetzen*
- *5 Minuten rühren, bei zu hoher Viskosität eine kleinere Einwaage verwenden*
- Messkette und Temperatursensor eintauchen
- stabilen Wert abwarten, Stabilitätskriterium: 1 mV/30 Sek.
- pH-Wert mit zwei Nachkommastellen dokumentieren
- Temperaturwert mit einer Nachkommastellen angeben

Literatur: 110

4.2.21
Tenside (wasserlöslich)

pH-Messung in hochkonzentrierten Tensid-Lösungen und/oder -dispersionen, Entwurf DIN 53996, 1991.

Anwendungsbereich
Labormessverfahren zur Messung des pH-Wertes in hochkonzentrierten Tensid-Lösungen.

Verfahrenskenndaten
- Wiederholbarkeit 0,2
- Vergleichbarkeit 0,3

Messeinrichtung

pH-Meter
- Eingangswiderstand: $R \geq 10^{12}\ \Omega$
- Auflösung $\Delta pH = 0{,}01$

pH-Messkette
- Membran aus Hochalkalimembranglas
- Elektrolytlösung, silberfreie Kaliumchloridlösung $c = 3$ mol/l
- Überführung als Schliff
- Glasschaft
- beliebiger Kabelanschluss
- beliebige Kabellänge

Temperatursensor

Wasser
kohlenstoffdioxidfreies, vollentsalztes Wasser

Messung mit 1 % Aktivsubstanz
Substanzmenge, die 1,00 g Aktivsubstanz entspricht, einwiegen und 100,00 g Wasser zugeben

Messung mit 5 % Aktivsubstanz
Substanzmenge, die 5,00 g Aktivsubstanz entspricht, einwiegen und 95,00 g Wasser zugeben

- Substanz lösen, gegebenenfalls leicht erwärmen auf max. 50 °C
- Lösung auf 20 °C bis 25 °C temperieren
- Messkette und Temperatursensor eintauchen
- stabilen Wert abwarten, Stabilitätskriterium: 1 mV/30 Sek.
- pH-Wert mit zwei Nachkommastellen dokumentieren
- Temperaturwert mit einer Nachkommastelle angeben

Literatur: 111, 112, 113

4.2.22
Tenside (schwer wasserlöslich)

pH-Messung in hochkonzentrierten Tensid-Lösungen und/oder -dispersionen, Entwurf DIN 53996, 1991.

Anwendungsbereich
Labormessverfahren zur Messung des pH in hochkonzentrierten Tensid-Lösungen.

Messeinrichtung

pH-Meter
- *Eingangswiderstand: $R \geq 10^{12}\,\Omega$*
- *Auflösung $\Delta pH = 0{,}01$*

pH-Messkette
- Membran aus Hochalkalimembranglas
- Referenzelektrolytlösung, silberfreie Kaliumchloridlösung
  $c = 3\,\text{mol/l}$
- Überführung als Schliff
- Glasschaft
- beliebiger Kabelanschluss
- beliebige Kabellänge

Temperatursensor

Wasser
kohlenstoffdioxidfreies, vollentsalztes Wasser

Messung
- Substanzmenge, die 5,00 g Aktivsubstanz entspricht, einwiegen
- 47,50 g Wasser zugeben
- 47,50 g Ethanol zugeben
- schwerlösliche Substanzen abscheiden lassen
- Lösung auf 20 °C bis 25 °C temperieren
- Messkette und Temperatursensor eintauchen
- stabilen Wert abwarten, Stabilitätskriterium: 1 mV/30 Sek.
- pH-Wert mit zwei Nachkommastellen dokumentieren
- Temperaturwert mit einer Nachkommastellen angeben

Literatur: 111, 112, 113

4.2.23
Textilien

Prüfung von Textilien, Bestimmung des pH-Werts des wässrigen Extrakts von Fasermaterial, DIN 54276, 1989.

Anwendungsbereich
Labormessverfahren zur Messung des pH in Textilproben.

Verfahrenskenndaten
- Wolle pH = 4,16   Wiederholbarkeit 0,25
  Vergleichbarkeit 0,50
- Wolle pH = 9,66   Wiederholbarkeit 0,29
  Vergleichbarkeit 0,66

Messeinrichtung

pH-Meter
- Eingangswiderstand $R \geq 10^{12}\ \Omega$
- Auflösung $\Delta pH = 0{,}01$

pH-Messkette
- beliebiger Membrantyp
- Referenzelektrolytlösung, silberfreie Kaliumchloridlösung $c = 3$ mol/l
- Überführung als Platindiaphragma, Kapillare oder Schliff
- beliebiger Schaft
- beliebiger Kabelanschluss
- beliebige Kabellänge

Temperatursensor

Messgefäß
Polyethylenflasche Volumen $v = 100$ ml

Wasser
Kohlenstoffdioxidfreies, vollentsalztes Wasser

Messung
- die Probe so auflockern oder zerlegen, dass Wasser leicht eindringen kann
- die Probe auf Normalklima angleichen
- 3 Extrakte aus drei Proben erzeugen
- 2,00 g ± 0,05 g Probe in die PE-Flasche einwiegen
- 100 ml Wasser zufügen
- Proben 16 Stunden bei Zimmertemperatur stehen lassen
- Extrakt in ein Becherglas geben
- Extrakt auf 20 °C ± 1 K temperieren
- Messkette und Temperatursensor eintauchen
- stabilen Wert abwarten, Stabilitätskriterium: 1 mV/30 Sek.
- pH-Wert mit zwei Nachkommastellen dokumentieren
- Temperaturwert mit einer Nachkommastelle angeben

Literatur: 114, 115, 116

4.3
Kontinuierliches Überwachen und Regeln

Fest installierte Messeinrichtungen dienen zur Überwachung der pH-Bedingungen direkt im Gewässer, im Aufbereitungs- oder Produktionsprozess. Je nach Aufgabenstellung ist die Messeinrichtung direkt mit einer Regeleinrichtung verbunden.

Da die Messeinrichtungen im Feld und im Betrieb installiert sind, ist auch hier eine ausreichende Robustheit und gegebenenfalls Witterungsbeständigkeit erforderlich.

Weitere wichtige Eigenschaften sind:
- langzeitstabile und verschmutzungsunempfindliche Sensoren
- sofern vorhanden, eine sichere Datenübertragung

4.3.1
Abwasser

Überwachung des Abwasserzulaufes
In Abwasserreinigungsanlagen eingesetzte pH-Messeinrichtungen unterliegen extremen Belastungen: Das Wasser ist stark verschmutzend. In einigen Fällen belasten Inhaltsstoffe oder physikalische Bedingungen die verwendeten Messketten. Eine aggressive Umgebungsluft wirkt auf den elektronischen Teil der Messeinrichtungen. Wartungsarbeiten müssen auch unter rauen Bedingungen möglich sein.

Besonders die großen Mengen an Faserverunreinigungen, Fett und Öl bereiten Schwierigkeiten, da sie die pH-Messkette verstopfen und belegen. Derart verschmutzte Messketten sind extrem träge und liefern falsche Messwerte.

Die Armatur sollte einen glatten Schaft haben und an einer Stelle mit guter Wasserströmung frei aufgehängt (pendelnd) sein. Zöpfe an der Armatur sollten in regelmäßigen Abständen entfernt werden.

Um ein schnelles Verstopfen der Referenzelektrode zu vermeiden, ist eine Messkette mit einem Ringspalt oder Loch als Überführung zu empfehlen. Grundsätzlich ist eine 14-tägige Reinigung der Messkette erforderlich. Fett und Ölbeläge auf der Membran lassen sich mit etwas Geschirrspülmittel und warmen Wasser leicht entfernen.

In Abwasserreinigungsanlagen sind Blitzeinschläge eine der häufigsten Ursachen für schwere Schäden an der Messeinrichtung. Der Umformer sollte daher über einen guten Überspannungsschutz verfügen.

Literatur: 117

Überwachung des Faulschlammes

Die permanente pH-Überwachung erfolgt mit einem direkt in die Hauptleitung eingebauten Geber. Der Geber ist bei diesen Messungen erhöhten Belastungen ausgesetzt: Ein hoher Feststoffanteil des Schlammes führt zu starken Verunreinigungen. Der Überdruck belastet besonders das Referenzsystem der pH-Messkette. Schwefelwasserstoff vergiftet das Referenzsystem.

Da die Messung unter Druck erfolgt, kommt es zu pH-Verschiebungen durch gelöste pH-aktive Substanzen wie Schwefelwasserstoff.

4.3.2 Getränke

Bei Limonaden, Bier, Wein oder Spirituosen sichert die kontinuierliche Überwachung des pH-Wertes die Qualität und Kontinuität der Produkte.

Die pH-Messung während der alkoholischen Gärung bei der Bierherstellung erfolgt direkt in den Fermentationsbehältern. Einer besonderen Belastung sind hierbei die Messketten ausgesetzt: Proteine stören die Funktion konventioneller Messketten und kürzen deren Lebensdauer, indem sie die Überführung verstopfen. Die Proteine reagieren mit den eventuell vorhandenen Silberionen der Elektrolytlösung, aber auch mit dem Kaliumchlorid zu schwerlöslichen Verbindungen.

Fermenter in der Spatenbrauerei

Ein zunehmender Alkoholgehalt senkt die Löslichkeit des Silberchlorids der silberchloridgesättigten Elektrolytlösungen und führt ebenfalls zum Verstopfen der Überführung. Hohe Temperaturen bei der Prozessmessung mindern die Standzeit der eingebauten Messketten. Der Einsatz der Messkette ist nur nach einer materialbelastenden Desinfektion der Messkette möglich.

Für die Messung im Prozess muss die Messkette gut zu warten sein. Für diesen Zweck stehen Wechselarmaturen zur Verfügung, mit denen sich die Messketten leicht in den Behälter einbringen, aber auch leicht wieder herausnehmen lassen.

Bei Messketten mit einer Referenzelektrolytlösung reduziert ein Überdruck in der Referenzelektrode das Risiko einer Verstopfung der Überführung.

4.3.3 Milch

Die Messungen erfolgen in den Fermentationsbehältern, Tanks und Abfüllleitungen. Wie bei anderen proteinhaltigen Flüssigkeiten sind die Messketten starken Belastungen ausgesetzt. Das Hauptproblem ist das Verstopfen des Diaphragmas durch Proteine. Die Fetttröpfchen in der Emulsion erzeugen an der Phasengrenze störende Überführungsspannungen.

Temperaturen bis 90 °C mindern die Standzeit der eingebauten Messkette. Der Einsatz ist nur nach einer materialbelastenden Desinfektion möglich. Für die Messung im Prozess muss die Messkette gut zu warten sein. Für diesen Zweck stehen Wechselarmaturen zur Verfügung, mit denen sie sich leicht in den Behälter einbringen, aber auch leicht wieder herausnehmen lässt.

Eine silberfreie, teilorganische Elektrolytlösung enthält eine verminderte Kaliumkonzentration und senkt so die Bildung der schwerlöslichen Proteinverbindungen. Ein zusätzlicher Druck auf die Referenzelektrode reduziert das Risiko, dass eine Überführung verstopft.

4.3.4
Reinstwasser

Altes Kraftwerk in Peißenberg

In Kraftwerken wird Wasser zur Dampferzeugung genutzt und der kondensierte Wasserdampf wird wieder zur Kesselspeisung verwendet. Bei diesem Kondensat handelt es sich um sehr reines, praktisch destilliertes Wasser. Die Analytik ist in den DVGW Merkblättern behandelt. Für pH-Messungen sind spezielle Messeinrichtungen notwendig.

Alle Teile der Messeinrichtung, die mit dem Wasser in Kontakt kommen, Armatur und Durchflusszelle, sollten aus rostfreiem VA-Stahl bestehen. Sind Kunststoffteile notwendig, so dürfen diese keine Substanzen an das Wasser abgeben. Die Messkette sollte einen neutralen Elektrolyten enthalten. Eine silberchloridhaltige Referenzelektrolytlösung könnte das Wasser z. B. ansäuern. Ideal ist eine Zweistab-Messkette, bei der die Referenzelektrode hinter der Messelektrode im Durchfluss angebracht ist.

Aufgrund des relativ hohen Widerstandes des Wassers sollte die Messkette selbst einen geringen Membranwiderstand haben. Auch das Diaphragma sollte einen möglichst kleinen Widerstand aufweisen, wie es beim Ringspaltdiaphragma der Fall ist. Bei Keramikdiaphragmen steigt der Widerstand durch eindringendes Wasser schnell und erheblich an.

Die Elektrolytlösung sollte silberfrei sein. Da die Löslichkeit des Silberchlorids beim Kontakt der Elektrolytlösung mit dem Wasser abnimmt, könnten andernfalls im Diaphragma schwerlösliche Silberchloridablagerungen entstehen.

Das Kesselwasser hat eine Leitfähigkeit unter $\gamma = 50\ \mu S/cm$, so dass ein normaler pH-Messumformer für die Messung ausreicht. Beim Kondensat kann die Leitfähigkeit unter $\gamma = 1\ \mu S/cm$ liegen. In diesem Fall ist ein Umformer mit hochohmigem Eingang für die Referenzelektrode zu empfehlen. Damit elektrische Ladungen abfließen können, muss die Messeinrichtung gut geerdet sein.

Jede pH-Messkette reagiert auf die Anströmung des Wassers. Je niedriger die Leitfähigkeit und je höher die Durchflussgeschwindigkeit ist, desto stärker ist dieser Effekt wirksam. Die niedrigen Leitfähigkeiten des Kesselspeisewassers und besonders die des Kondensates können den Messwert leicht um mehrere Zehntel, selbst bis zu einer pH-Einheit, ändern. Eine wirksame Maßnahme ist die Regelung der Durchflussmenge des Messgefäßes.

Alternativ ist es möglich, pH-Werte der Wässer aus den Werten für die Leitfähigkeit oder den Ammoniakgehalt zu schätzen. Der Leitfähigkeitswert gibt jedoch nur eine Information, wie weit der pH-Wert maximal vom Neutralpunkt pH = 7 abweichen kann. Eine Aussage, ob das Wasser sauer oder basisch reagiert, ist über den Leitfähigkeitswert nicht möglich. Das Abschätzen aus dem Ammoniakgehalt führt leicht zur Schätzung zu hoher pH-Werte.

Literatur: 118, 119

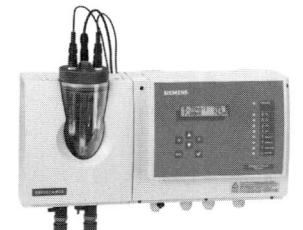

4.3.5
Schwimmbeckenwasser

Eine Regelung stellt den pH-Wert auf einen optimalen Wert von etwa pH = 7,2 ein. Üblich sind Mehrparameter-Umformer für die Messung von Chlor, pH-Wert und Redoxspannung, die gleichzeitig die Regelung der Messgrößen übernehmen.

Das beste Messverhalten zeigen Messketten mit einer Elektrolytlösung (eventuell etwas eingedickt) und Keramikdiaphragma.

Literatur: 74

Messumformer, Wasseraufbereitungsanlage für Schwimmbeckenwasser der Firma Wallace & Tiernan

4.3.6
Trinkwasser

Bei der Wahl der Messkette sind z. B. der Wasserdruck, die Durchflussgeschwindigkeit und die Leitfähigkeit wichtige Einflussgrößen. Da Verschmutzungseffekte keine wesentliche Rolle spielen, ist eine ausreichend druckfeste Messkette mit Referenzelektrolytgel und Keramikdiaphragma für diese Anwendung geeignet.

Für die Interpretation von Vergleichsmessungen können Druckunterschiede eine wichtige Rolle spielen. Der Einfluss des Kohlendioxids auf den pH des Wassers hängt u. a. vom Wasserdruck ab. Dieser kann in den Wasserleitungen leicht 6 bar und mehr betragen. Je höher der Druck ist, desto saurer reagiert das Wasser. Bei einer Drucksenkung, z. B. während der Probenahme, gast Kohlenstoffdioxid aus. In diesem Fall nimmt der pH-Wert zu.

Schalttafel an einem Trinkwasserspeicher

Teil 2:
Qualitätssicherung

5
Grundlagen

Das pH-Messergebnis ist das Resultat der Eigenschaften der Messlösung, der Messkette und des Messgerätes. In dieser Reihenfolge ist das folgende Kapitel gegliedert. Es lohnt sich, sich mit diesem Thema auseinander zu setzen, denn einige unerwartete Resultate lassen sich einfach z. B. aus dem Verhalten der Messkette unter den verschiedenen Messbedingungen erklären.

Weiterhin behandelt diese Kapitel Themen, bei denen es in den verschiedenen Gebrauchsanleitungen und oft auch in Normen Unklarheiten und Ungenauigkeiten gibt.

5.1
Messlösung

5.1.1
Hydroniumionenkonzentration

Ein Liter Wasser besteht aus etwa $3 \cdot 10^{25}$ Wassermolekülen (H_2O). Ein verschwindend geringer Anteil von etwa $1 \cdot 10^{19}$ Moleküle ist in Hydroniumionen (H_3O^+) und Hydroxidionen (OH^-) dissoziiert. Dies entspricht einer Konzentration von ca. $1 \cdot 10^{-7}$ mol/l Hydronium- bzw. Hydroxidionen.

Hydratisierte Hydroniumionen, an denen je bis zu drei Wassermoleküle gebunden sind, bezeichnet man als Oxoniumionen.

Bei der Dissoziation von Wasser entstehen jeweils gleiche Mengen an Hydronium- und Hydroxidionen. Bei diesem ausgeglichenen Verhältnis reagiert das Wasser neutral.

Außer Wasser bilden auch viele andere Substanzen bei der Dissoziation Hydronium- oder Hydroxidionen, z. B. Chlorwasserstoff oder Natriumhydroxid.

$$HCl + H_2O \rightarrow H_3O^+ + Cl^-$$
$$NaOH + H_2O \rightarrow Na^+ + OH^-$$

pH-Messung: Der Leitfaden für Praktiker. Ralf Degner
Copyright © 2009 WILEY-VCH Verlag GmbH & Co. KGaA, Weinheim
ISBN: 978-3-527-32359-3

Diese Substanzen erhöhen einseitig die Hydronium- oder die Hydroxidionenkonzentration. Das Produkt der Konzentration der Hydronium- und Hydroxidionen ist jedoch eine konstante Größe. Man bezeichnet sie als Ionenprodukt. Das Ionenprodukt für Wasser beträgt bei 25 °C $K_W = 1 \cdot 10^{-14}$.

Das heißt: bei 25 °C muss die Multiplikation der Oxonium- mit der Hydroxidionenkonzentration stets den Wert 10^{-14} ergeben.

Tabelle 5.1 Zusammenhang zwischen Hydronium- und Hydroxidionenkonzentration, Ionenprodukt und dissoziierten Wassermolekülen bei 25 °C.

Hydroniumionen-konzentration H_3O^+	Hydroxidionen-konzentration OH^-	Konzentration H_3O^+ · Konzentration OH^- (Ionenprodukt)	Konzentration dissoziierter Wassermoleküle
10^{-2} mol/l	10^{-12} mol/l	10^{-14} mol/l²	10^{-12} mol/l
10^{-7} mol/l	10^{-7} mol/l	10^{-14} mol/l²	10^{-7} mol/l
10^{-12} mol/l	10^{-2} mol/l	10^{-14} mol/l²	10^{-12} mol/l

In sauren Lösungen bestimmt die im Wasser gelöste Substanz die Hydroniumionenkonzentration der Lösung. In basischen Lösungen ergibt sie sich aus der Dissoziation des Wassers.

Literatur: 9, 42, 120

Temperaturabhängigkeiten
Die Temperatur ändert die Beweglichkeit der Ionen, die Viskosität der Lösung und die Dissoziation der gelösten Substanzen.

Neutralpunkt
Die genaue Menge der dissoziierten Wassermoleküle und somit der Neutralpunkt des Wasser hängt u. a. von der Temperatur ab. Sie beträgt:

Tabelle 5.2 Neutralpunkt des Wassers in Abhängigkeit von der Temperatur.

Temperatur	Ionenprodukt	Neutralpunkt pH-Wert
0 °C	14,943 mol/l²	7,47
10 °C	14,535 mol/l²	7,27
15 °C	14,346 mol/l²	7,17
20 °C	14,167 mol/l²	7,08
25 °C	13,996 mol/l²	7.00

Literatur: 121

Saure Lösungen

In sauren Lösungen bestimmt nur das Dissoziationsverhalten der gelösten Substanz die Hydroniumionenkonzentration und somit den pH-Wert. Bei den nahezu vollständig dissoziierten, starken Säuren (z. B. Salzsäure $c_{(HCl)}$ = 0,001 mol/l) ist daher praktisch keine Temperaturabhängigkeit zu beobachten.

Tabelle 5.3 pH-Wert von Salzsäure $c_{(HCl)}$ = 0,001 mol/l in Abhängigkeit von der Temperatur.

Temperatur	Hydroniumionen-konzentration	pH-Wert
0 °C	10^{-3} mol/l	3,00
25 °C	10^{-3} mol/l	3,00
50 °C	10^{-3} mol/l	3,00

Literatur: 120

Basische Lösungen

In basischen Lösungen hängt das Temperaturverhalten des pH außer vom Dissoziationsverhalten der gelösten Substanz auch von dem des Wassers ab. Die Lösung einer nahezu vollständig dissoziierten Base (z. B. Natriumhydroxidlösung $c_{(NaOH)}$ = 0,001 mol/l) zeigt eine deutliche Temperaturabhängigkeit des pH-Wertes, z. B.

Tabelle 5.4 pH-Wert von Natriumhydroxidlösung $c_{(NaOH)}$ = 0,001 mol/l in Abhängigkeit von der Temperatur.

Temperatur °C	OH⁻-Ionen-konzentration	H_3O^+-Ionen-konzentration	pH-Wert
0 °C	10^{-3} mol/l	$1,1 \cdot 10^{-12}$ mol/l	11,94
25 °C	10^{-3} mol/l	$1,0 \cdot 10^{-11}$ mol/l	11,00
50 °C	10^{-3} mol/l	$5,5 \cdot 10^{-11}$ mol/l	10,26

Druckverhalten

In einigen Fällen hängt die Hydroniumionenkonzentration auch von den Druckverhältnissen im Wasser ab, z. B. bei Messungen in großen Wassertiefen. Eine Druckänderung beeinflusst beispielsweise den pH der wässrigen Lösungen folgender Substanzen:

- Ammonium
- Kieselsäure
- Kohlensäure

- Phosphorsäure
- Schwefelwasserstoff

Literatur: 103

5.1.2
Aktivität

Lösungen mit der gleichen Konzentration von Hydroniumionen können unterschiedlich sauer oder basisch sein, da sie einen unterschiedlichen pH haben können. Die Größe des Unterschiedes hängt von der Zusammensetzung der Lösungen ab.

Das Maß für die Wirkung der Hydroniumionen, also der pH, ist die Aktivität der Hydroniumionen. Im Unterschied zur Konzentration ist bei der Aktivität der Einfluss der anderen in der Lösung enthaltenen Ionen auf die Beweglichkeit der Hydroniumionen berücksichtigt.

In stark verdünnten Lösungen bestimmen im Wesentlichen die Wassermoleküle die Aktivität der Hydroniumionen. Bei zunehmender Konzentration anderer Ionen nimmt deren Einfluss auf die Aktivität der Hydroniumionen zu. In der Regel behindern sie die Beweglichkeit der Hydroniumionen, so dass die Aktivität abnimmt. Das Ausmaß des Einflusses hängt wesentlich von der Art der gelösten Ionen ab, so beeinflussen Chloridionen einer Salzsäure das Hydroniumion anders als Sulfationen einer Schwefelsäure. Die saure oder basische Wirkung einer Lösung hängt somit nicht allein von der Konzentration ab, sondern auch davon, welche Aktivität die Hydroniumionen haben.

Messbar mit der Glaselektrode ist nur die Konzentration. Einzelionenaktivitäten, wie die der Hydroniumionen, sind praktisch nicht messbar. Eine näherungsweise Berechnung der Einzelaktivitäten ermöglicht die Debye-Hückel-Theorie. Eine genaue Berechnung der Hydroniumionenaktivitäten ist in der Praxis nicht möglich. Für praktische Anwendungen verwendet man daher eine praktische pH-Skale. Die pH-Werte dieser Skale basieren auf den pH-Werten der primären Referenzpufferlösungen. Ein praktisch gemessener pH-Wert ist somit keine absolute Größe, sondern ein durch die Messbedingungen definierter Wert.

Literatur: 44, 120, 122

5.1.3
Pufferwirkung

Die Puffergüte reinen Wassers ist praktisch gleich null. Selbst geringe Verunreinigungen ändern den pH in vielen Fällen erheblich.

Die Alkaliabgabe von Glasgefäßen oder der pH-Messkette reichen, um den pH bis zu ΔpH = 1 oder ΔpH = 2 zu ändern. Selbst die geringe Menge Kohlenstoffdioxid, die durch eine Kunststoffgefäßwand diffundiert, kann reichen, den pH langsam auf Werte bis pH = 4 sinken zu lassen.

Eine bessere Puffergüte haben z. B. carbonathaltige Wässer. Bei einem Wasser mit einem Gesamtkohlensäuregehalt $c_{(CO_2)}$ = 6 mmol/l ändert die Auf- oder Abnahme von 1 mg/l Kohlendioxid den pH um nur etwa ΔpH = 0,02.

Literatur: 123, 124

5.1.4
pH-Bereich

Die deutsche Normung DIN 19260 deckt nur pH-Werte im Bereich von 0 bis 14 in verdünnten Lösungen (max. 1 mol/kg) ab, und dies nur in Lösungen mit einer max. Gesamtionenkonzentration von c = 1 mol/l. Für konzentrierte Lösungen oder organische Flüssigkeiten gibt es nach der deutschen Normung keinen pH. Somit hat eine Salzsäure c = 1 mol/l, einen pH = 0 und eine Salzsäure c = 1,1 mol/l, hat keinen pH.

Diese Begrenzung bedeutet jedoch nicht, dass es keine Lösungen gibt, deren Hydroniumionenaktivitäten unter pH = 0 oder über pH = 14 liegen. Die Grenzen für real vorkommende Hydroniumionenaktivitäten sind durch eine Definition nicht festlegbar. In den USA gibt es diese unnatürliche Begrenzung nicht. Hier existiert der pH praktisch in allen Flüssigkeiten, und auch in Deutschland werden in der Praxis pH-Werte für alle Arten von Lösungen angegeben. In diesem Buch halte ich mich daher an die mir sinnvolleren, grenzenfreien pH-Werte.

Der Bereich praktisch messbarer pH-Werte reicht in wässrigen Lösungen von Werten unter pH = –3 bis über pH = 15. Schwabe gibt z. B. für eine mit Natriumbromid versetzte Bromwasserstoffsäure einen Wert von pH = –3,4 an.

Auch in nichtwässrigen Lösungen sind pH-Werte messbar. Da hier jedoch keine Hydroniumionen vorhanden sind, sondern Lyoniumionen (Verbindung der Oxoniumionen mit den Lösungsmittelmolekülen, z. B. $C_2H_5OH_2^+$), sind diese Werte mit denen der wässrigen Lösungen nicht vergleichbar.

Literatur: 15, 51, 121, 125, 126

5.1.5
Konzentrierte Basen, Salzlösungen und Säuren

In konzentrierten Lösungen verbrauchen die Basen, Salze oder Säuren einen wesentlichen Teil des Wassers zur Hydration der Ionen. Bei sehr hohen Konzentrationen reicht schließlich die Wassermenge nicht mehr aus, um vollständige Hydrathüllen zu bilden. In diesem Fall kann der pH drastisch zunehmen.

Dieser Anstieg bedeutet für saure Lösungen eine Verstärkung der sauren Wirkung. Zwischen 0,5 mol/kg und Sättigung nimmt der pH mit der Zugabe von Neutralsalzen fast linear ab. Bei konzentrierten Basen steigt der pH. Eine Kaliumhydroxidlösung mit einer Konzentration von 15,5 mol/kg hat z. B. einen Wert von pH = 17,65.

Literatur: 127, 128

5.1.6
Konzentrierte Lösungen unpolarer Stoffe

Vom Zucker ist bekannt, dass er einen niedrigen pH anhebt und einen hohen pH senkt. Die scheinbare Steilheit einer Messkette beträgt in einer Zuckerlösung ω = 26 % zwischen pH = 3 und pH = 12 nur noch −53 mV. Ursache soll eine noch nicht völlig geklärte Feinstruktur des Wassers durch die Zuckermoleküle sein. Sicher ist jedoch, dass hochkonzentrierte Lösungen nicht polarer Stoffe nicht rein wässrig sind und Mediumeffekte verursachen.

Literatur: 129

5.1.7
Suspensionen

Auch ungelöste Teilchen können den pH des Wassers beeinflussen. Die dispergierten Teilchen können die Wassermoleküle in ihrer Umgebung polarisieren und so die Aktivität der Hydronium- und Hydroxidionen erhöhen. Es handelt sich hierbei um einen Suspensionseffekt der ersten Art.

Die pH-Verschiebung nimmt nahezu linear mit der Konzentration der dispergierten Teilchen zu und kann Werte bis zu $\Delta pH = 2$ erreichen.

Literatur: 130

5.1.8
Nichtwässrige Flüssigkeiten

Die Dissoziation wasserähnlicher Flüssigkeiten ist der des Wassers analog. Es entstehen jedoch keine Hydronium- und Hydroxidionen, sondern positiv geladene Lyoniumionen und negativ geladene Lyationen.

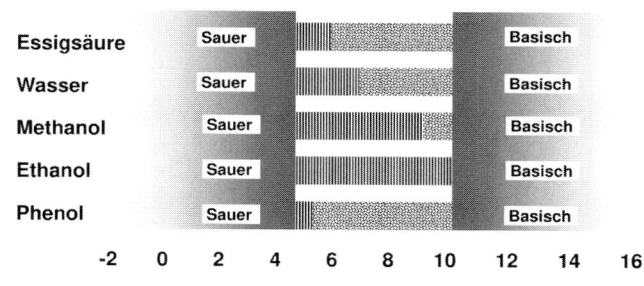

	Sauer		Basisch
Essigsäure	Sauer		Basisch
Wasser	Sauer		Basisch
Methanol	Sauer		Basisch
Ethanol	Sauer		Basisch
Phenol	Sauer		Basisch

-2 0 2 4 6 8 10 12 14 16

pH-Bereiche nichtwässriger Flüssigkeiten

Die pH-Messkette reagiert auch auf diese Lyoniumionen. Die „pH"-Skala dieser Lösungen und der Neutralpunkt unterscheiden sich jedoch deutlich von denen des Wassers. Einige starke Säuren haben in organischen Flüssigkeiten eine weit größere Acidität als in ihren stark ionisierten, wässrigen Lösungen.

In organischen Flüssigkeiten messbare Werte können den Messbereich üblicher pH-Meter leicht übersteigen.

Literatur: 126, 121, 131

5.2
Vorgänge an und in der Glasmembran

Die Phasengrenze zwischen der Messlösung und der Glasmembran ist die eigentliche pH-Elektrode. Alle anderen Elemente der Messkette dienen nur zur Übertragung des Messsignals an das Messgerät.

Die Membran besteht zu etwa 70 % aus Siliziumdioxid. Die restlichen Bestandteile sind Natrium- bzw. Lithium- und Calciumoxid, sowie kleine Mengen zwei-, drei- und vierwertiger Metalloxide.

Literatur: 15

5.2.1
Potentialbildung

Das Glas der Membran verhält sich im Prinzip wie eine sehr schwache hochpolymere Säure.

Bei Phosphorsäure existieren im Vergleich dazu in der Verbindung mit Natriumionen in Abhängigkeit vom pH-Wert die folgenden Zustände:

H_3PO_4	PO_4^{3-}
NaH_2PO_4	$H_2PO_4^-$
Na_2HPO_4	HPO_4^{2-}
Na_3PO_4	

Das Silikation SiO_4^{4-} bietet dagegen in seiner polymerisierten Form $Si_nO_{4n}^x$-, ein Anion mit einer nahezu unendlichen Anzahl an Verbindungen mit Natrium und auch viele mögliche Ladungsformen.

Die für die Reaktion wirksamen, funktionellen, anionischen Ladungen stehen allerdings nur an der Oberfläche zur Verfügung.

An der Phasengrenze zwischen Glas und Lösung stehen die Hydroxyl- (Si-OH) und Oxy-Gruppen (Si-O⁻) des Glases im Gleichgewicht mit den Hydroniumionen der Messlösung.

Im Gleichgewichtszustand finden Protonenübergänge in beiden Richtungen in gleicher Zahl pro Zeiteinheit statt.

Das Verhältnis der negativ geladenen Oxy-Gruppen zu den ungeladenen Hydroxyl-Gruppen hängt von der Hydroniumionenaktivität der Messlösung ab. In basischen Lösungen sind viele Hydroxyl-Gruppen dissoziiert. Die Anzahl der Oxy-Gruppen und somit die negative Ladung der Membran ist relativ groß. In sauren Lösungen sind weniger Hydroxyl-Gruppen dissoziiert, somit ist auch die Menge der Oxy-Gruppen und die negative Ladung der Membran geringer. Die Hydroniumionenaktivität der Messlösung bestimmt somit die negative Ladung der Membranoberfläche und beeinflusst die elektrische Spannung der Messkette.

Literatur: 15, 134, 135

Oberflächengleichgewicht
Die Membranoberfläche reagiert nicht nur mit den Hydroniumionen, sondern auch mit Alkaliionen:

$$Si\text{-}O^- + Me^+ \leftrightarrow Si\text{-}O\text{-}Me$$

Das Membranpotential ist somit eine Funktion der Hydronium- (pH) und der Alkaliionenaktivität (pM). Je nach pH und pM bilden die Oxy-Gruppen (Si-O⁻), Hydroxyl-Gruppen (Si-OH) oder Alkalisilikat-Gruppen (Si-O-Me). Beide Formen existieren, wie das Beispiel der Phosphorsäure zeigt, nebeneinander. An der Oberfläche der Glasmembran besteht somit ein Gleichgewicht zwischen der Aktivität der Oxy-Gruppen, den Hydroxyl-Gruppen, den Alkalisilikat-Gruppen und den Hydronium- und Alkaliionenaktivitäten der zu messenden Lösung, das sogenannte Oberflächengleichgewicht.

Dieses Oberflächengleichgewicht regelt die elektrochemischen Reaktionen beim Kontakt der Glasoberfläche mit der Lösung.

In Abhängigkeit von der Glaszusammensetzung, dem pH und dem pM der Lösung entstehen zwischen der Glasoberfläche und der Lösung zwei Gleichgewichte:

- ein Gleichgewicht zwischen den Oxy-/Hydroxyl-Gruppen und den Hydroniumionen der Lösung
- ein zweites Gleichgewicht zwischen den Oxy-/Alkalisilikat-Gruppen und den Alkaliionen der Lösung

Diese beiden Gleichgewichte bestimmen wiederum die Aktivitätskoeffizienten der Oxy-Gruppen und somit das Membranpotential. Zum Beispiel hält eine zunehmende Zahl negativ geladener Oxy-Gruppen die Dissoziation der Hydroxyl-Gruppen auf.

Das Dissoziationsgleichgewicht des Glases stellt somit einen Kompromiss zwischen allen beteiligten chemischen und elektrischen Kräften dar.

Literatur: 134, 135, 136

Empfindlichkeit gegenüber Alkaliionen (Alkalifehler)

Das Membranglas ist je nach Zusammensetzung mehr oder weniger empfindlich auf den pH und den pM. Im Fall der alkalisensitiven Elektroden ist die Empfindlichkeit in Richtung pM optimiert, im Fall der pH-Glaselektrode liegt die Sensitivität auf der Seite des pH. Aber auch bei optimalen pH-Glaselektroden verbleibt ein Teil der pM-Sensitivität.

Eine pH-Messkette reagiert entsprechend ihrer Sensitivität daher auf eine zunehmende Konzentration von Alkaliionen. Hierbei ist das Natriumion, da es weit verbreitet ist, das problematischste Kation. Kalium-, Cäsium- und Rubidiumionen haben auf moderne Membrangläser praktisch keinen Einfluss. Lithiumionen haben zwar einen größeren Einfluss als Natriumionen, das Ion ist in realen Proben jedoch praktisch nicht vorhanden. Somit ist der Alkalifehler auf einen Natriumfehler reduzierbar.

Eine zunehmende Natriumkonzentration führt zu einer Ladungsverschiebung in positiver Richtung. Aufgrund der guten Sensitivität der pH-Membranen bestimmen die Hydroniumionen das Potential der Membranoberfläche in sauren und schwach alkalischen Lösungen nahezu vollständig. Alkalifehler sind daher erst über pH = 9 in der Praxis feststellbar. Der Einfluss der Alkaliionen nimmt jedoch mit zunehmendem pH deutlich zu. Die Messabweichung auf Grund des Alkalifehlers ist somit abhängig

- von der Art des Membranglases
- vom pH-Wert der Lösung
- von der Art der Alkaliionen
- von der Alkaliionenaktivität

aber auch

- von der Temperatur
- in einigen Fällen von den vorhandenen Anionen

Alkaliionen reagieren wie die Hydroniumionen zunächst auf der Membranoberfläche. Die Messabweichung tritt praktisch sofort auf. Innerhalb der nächsten 2 Stunden dringen die Ionen auch tief in die Auslaugschicht ein.

Nach einem Wechsel in eine alkalifreie Lösung müssen alle aus der Auslaugschicht diffundierenden Natriumionen die Glasoberfläche passieren. Die Messabweichung ist daher erst wieder beseitigt, wenn die Natriumionen aus der Auslaugschicht ausgetreten und das Gleichgewicht in der ganzen Auslaugschicht wieder eingestellt ist. Dieser Vorgang kann mehrere Stunden dauern.

Für stark alkalische Lösungen sind Messketten mit einer geringeren Querempfindlichkeit gegenüber Alkaliionen erhältlich. Die Membranen enthalten Lithiumoxid anstelle des Natriumoxides.

Folgende Beispiele zeigen den Einfluss verschiedener Alkalioxide im Membranglas auf die Querempfindlichkeit gegenüber Alkaliionen.

Tabelle 5.5 Messabweichungen für 1-molare Lösungen der Alkalihydroxide.

Alkalioxid im Membranglas	LiOH	NaOH	KOH
17,4 % K_2O	130 mV	110 mV	70 mV
19,4 % Na_2O	130 mV	100 mV	20 mV
18,1 % Li_2O	120 mV	10 mV	0 mV

Literatur: 134, 135, 136, 137

5.2.2
Auslaugschicht

Ionen der Messlösung stehen nur mit der Glasoberfläche, nicht jedoch mit dem darunter liegenden Glas und dessen Alkaliionen im Gleichgewicht. Dies verursacht eine glasinterne Diffusion der Alkaliionen zwischen der Glasoberfläche und dem darunter liegenden Glas. Aufgrund der Austauschstromdichte und der Regenerationsrate bleibt das Oberflächengleichgewicht hiervon jedoch unbeeinflusst. Der resultierende Ionenaustausch ist allerdings die Ursache für die Korrosion des Glases.

Von der Oberfläche her findet ein steter Glasaufschluss statt. Hierbei bleiben kieselsäurereiche Rückstände auf der Membran zurück.

$$\text{Si-OH} + \text{HO-Si} \rightarrow \text{Si-O-Si} + H_2O$$

Im Bereich von pH = 3 bis pH = 5 ist die Aufschlussgeschwindigkeit am geringsten. Der Verbrauch am Membranglas beträgt in diesem Bereich nicht mehr als 0,01 bis 0,1 nm/h. Bei Raumtemperatur würde eine 0,1 mm dicke Membran erst nach mehr als 100 Jahren aufgelöst sein.

In basischen und stark sauren Lösungen geht der Glasaufschluss bis zur Bildung von Silikationen weiter. Der Ionenaustausch, das Fortschreiten des Glasaufschlusses und der Abtrag an der Membranoberfläche gehen in einen quasi stationären Zustand über. Es entsteht eine Auslaugschicht, die sich etwa alle zwei Wochen erneuert. Dies bedeutet eine gewisse Selbstreinigung der Membranoberfläche und wirkt sich günstig auf die Standzeit aus.

Die Dicke der Auslaugschicht bestimmt u. a. die Zeit der Potentialeinstellung der Membran. Besonders kurze Einstellzeiten haben daher Membranen mit einer dünnen Auslaugschicht.

Mit dem Alter der Messkette nimmt die Dicke der Auslaugschicht zu und die Einstellzeit für das Membranpotential wird länger. Die Einstellzeit kann bis zu einem Faktor 1000 zunehmen.

Höhere Temperaturen beschleunigen den Ionenaustausch und den Glasaufschluss, so dass die Dicke der Auslaugschicht zunimmt. Da jedoch gleichzeitig die Beweglichkeit der Hydroniumionen im weit größeren Ausmaß steigt, nimmt die Einstellzeit des Potentials ab. Ab 50 °C gibt es an der Membran praktisch keine Einstellprobleme mehr.

Kleine Säuremoleküle können in die Auslaugschicht eindringen. Bei pH-Werten unter Null führt dieser Effekt zu positiven Messabweichungen, die angezeigten pH-Werte sind zu hoch. Die Messabweichungen können bis zu 0,3 pH-Einheiten ausmachen.

Die Abweichung wächst über mehrere Stunden zu einer konstanten Größe an und verschwindet nach Wegfall der hohen Säurekonzentration erst nach einigen Tagen.

Hygroskopische Salze und konzentrierte Säuren, z. B. Schwefel- oder Phosphorsäure, entziehen der Auslaugschicht Wasser. Die Hydroniumionenaktivität in der Membran steigt an und die Messkette liefert zu niedrige pH-Werte. Nach 24 Stunden kann die Abweichung in Abhängigkeit vom Membranglas bis zu einer pH-Einheit ausmachen.

Membrangläser, deren Auslaugschichten größere Hohlräume aufweisen, sowie gealterte Glaselektroden neigen zur Aufnahme großer Konzentrationen von Kationen und Anionen. Eine Querempfindlichkeit gegenüber Anionen und Kationen tritt daher meist bei denselben Membrangläsern je nach der vorangegangenen Nutzung mehr oder weniger stark auf.

Literatur: 15

5.2.3
Beständigkeit

Chemische und physikalische Einflüsse können die Korrosionsgeschwindigkeit des Glases derart beschleunigen, dass die Membran im Extremfall in Stunden oder auch Minuten unbrauchbar wird.

Zu den chemischen Einflüssen gehören:
- hohe pH-Werte
- hohe Alkalikonzentrationen, auch in neutralen Lösungen
- Fluoridionen, in sauren Lösungen auch in kleinen Konzentrationen
- kondensierte Phosphate, EDTA, Citrate und Tartrate

Die Letztgenannten greifen die in der Membran enthaltenen Erdalkaliionen an. Messungen in diesen Lösungen übersteht die Membran zwar schadlos, eine Dauereinwirkung besonders bei höheren Temperaturen wirkt jedoch schädigend.

Der wesentliche, physikalische Einfluss ist eine hohe Temperatur. Als Faustregel kann gelten, dass eine Temperaturerhöhung von 10 K die Haltbarkeit halbiert.

Temperatur	Durchschnittliche Haltbarkeit der Messkette
25 °C	mehrere Jahre
90 °C	einige Monate
120 °C	einige Wochen

Literatur: 137

5.2.4
Elektrische Spannung über der Membran

Die potentialeinstellenden Vorgänge laufen an der Außenseite der Membran, die mit der Messlösung in Kontakt steht, und auf der Innenseite der Membran, die mit der Innen-Elektrolytlösung in Kontakt steht, in gleicher Weise ab.

An beiden Seiten der Glasmembran entstehen vom pH der jeweiligen Lösung abhängige Galvanispannungen. Da der pH der Innen-Elektrolytlösung konstant ist, hängt die Potentialdifferenz zwischen den beiden Seiten der Membran vom pH der Messlösung ab. Hat die Messlösung den gleichen pH wie die Pufferlösung, so ist die Spannung gleich null.

Eine pH-Änderung führt zu einer Änderung der elektrischen Spannung zwischen den beiden Membranseiten. In sauren Lösungen ist die Membranaußenseite positiver geladen als die Innenseite und in basischen Lösungen negativer.

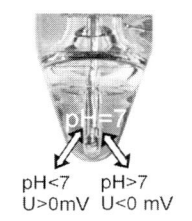

pH<7   pH>7
U>0mV   U<0 mV

Spannung über der Glasmembran

Asymmetriespannung
In der Praxis kann allerdings auch bei gleichem pH der Lösungen eine Spannung zwischen den Membranseiten messbar sein. Bei dieser Spannung handelt es sich um die Asymmetriespannung. Einige Hersteller verwenden diesen Begriff unkorrekt anstelle des Begriffs Offsetspannung.

Literatur: 121

Ladungstransport in der Membran
Der Ladungstransport in der Glasmembran erfolgt im Wesentlichen über kleine Alkaliionen, wie Lithium oder Natrium. Die Ionen verlieren im Glas ihre Hydrathülle und können sich hier um einen Faktor 1 000 bis 10 000 schneller bewegen als Wasserstoff.

Die geringe Beweglichkeit des Wasserstoffatoms ist auch eine Bremse des Glases gegen eine zu schnelle Korrosion. Für jedes aus dem Glas diffundierende Alkaliion muss ein Wasserstoffatom hineindiffundieren. Somit bestimmt u. a. das langsame Wasserstoffatom die Geschwindigkeit des Ionenaustausches in der Auslaugschicht.

5.3
Vorgänge an der Überführung

Der elektrische Kontakt zwischen der Referenzelektrolyt- und der Messlösung wird durch eine Öffnung in der Glaswand der Referenzelektrode (Loch, Schliff, Diaphragma usw.) erreicht. Diese Verbindung ist auch die Ursache für einen Ionenaustausch und bei Elektrolytlösungen auch einen Flüssigkeitsaustausch. Ausführung und Funktionsfähigkeit der Überführung haben einen wesentlichen Einfluss auf das Messverhalten der pH-Messkette.

5.3.1
Elektrolytausfluss

Eine entscheidende Rolle spielt die Ausflussgeschwindigkeit der Elektrolytlösung.

Taucht eine Messkette in eine Messlösung, so bewegen sich Ionen in beiden Richtungen über die Überführung. Das heißt, es fließt nicht nur Elektrolytlösung aus der Referenzelektrode heraus, sondern auch Messlösung in die Referenzelektrode hinein. Je langsamer Elektrolytlösung ausfließt, desto mehr Messlösung und deren Ionen können in die Referenzelektrode eindringen und Störungen verursachen.

Tabelle 5.6 Eindiffusion von Messlösung in Abhängigkeit von der Ausflussgeschwindigkeit der Elektrolytlösung.

Ausflussgeschwindigkeit	Eindiffusion der Messlösung
0 ml/Tag	$1 \cdot 10^{-3}$ ml/Tag
0,0025 ml/Tag	$2 \cdot 10^{-4}$ ml/Tag
0,005 ml/Tag	$3 \cdot 10^{-5}$ ml/Tag
0,01 ml/Tag	$5 \cdot 10^{-7}$ ml/Tag
0,025 ml/Tag	$3 \cdot 10^{-13}$ ml/Tag
0,05 ml/Tag	$1 \cdot 10^{-23}$ ml/Tag

Tabelle 5.7 Ausflussgeschwindigkeit verschiedener Referenzelektroden.

Elektrolyt	Überführung	Ausflussgeschwindigkeit
Gel	Faserdiaphragma	0 ml/Tag
Polymerisat	Loch	0 ml/Tag
Lösung	Keramikdiaphragma	0,01–0,05 ml/Tag
Lösung	Platindiaphragma	0,1–1,0 ml/Tag
Lösung	Schliff	bis 2 ml/Tag

Die Ausflussgeschwindigkeit bestimmt somit wesentlich die Menge der eindiffundierenden Messlösung und/oder ihrer Ionen.

Die ISO 10523 empfiehlt eine Mindest-Ausflussgeschwindigkeit von 0,1 ml/Tag.

Gängige Überführungen haben eine Ausflussgeschwindigkeit zwischen 0,05 ml/Tag und 2 ml/Tag.

Eine geschlossene Nachfüllöffnung oder eine verschmutzte Überführung mindern die Ausflussgeschwindigkeit erheblich. Die eindringende Messlösung verdünnt allmählich die Referenzelektrolytlösung und die Diffusionsspannung nimmt langsam ab. Die Abnahme der Chloridkonzentration verschiebt das Potential der Referenzelektrode.

Elektrolytgele und -polymerisate haben praktisch keinen Elektrolytausfluss. Bei diesen Referenzelektroden findet lediglich ein Ionenaustausch zwischen der Elektrolyt- und Messlösung statt. Ein merklicher Verdünnungseffekt kann bei einem Elektrolytgel oder -polymerisat, je nach Anwendung, bereits nach 2 Monaten auftreten.

Die folgenden Faktoren haben einen wesentlichen Einfluss auf das Ausflussverhalten der Elektrolytlösung:

- Länge der Überführung und Durchmesser der Kapillaren.
- Je länger die Überführung und je kleiner der Durchmesser der Kapillaren ist, desto weniger Elektrolytlösung fließt aus.
- Viskosität der Elektrolytlösung. Mit zunehmender Viskosität der Elektrolytlösung nimmt die Ausflussgeschwindigkeit ab.
- Druckdifferenz zwischen Elektrolyt- und Messlösung. Mit der Druckdifferenz nimmt der Elektrolytausfluss zu.

Über die Überführung findet ein Ionenaustausch zwischen den Lösungen statt. Durch diesen Vorgang gleichen die Lösungen vorhandene Konzentrationsunterschiede aus. Die Menge und Art der ausgetauschten Ionen hängt ab:

- von der Diffusionsgeschwindigkeit der Ionen, z. B. sind diffundierende Hydroxidionen bedeutend schneller als Kaliumionen
- vom Konzentrationsunterschied der Lösungen; je mehr sich die Ionenkonzentrationen unterscheiden, desto größer ist der Ionenaustausch. Beim Kontakt einer 0,1-molaren Salzsäure mit einer gleich konzentrierten Kaliumchloridlösung diffundieren Hydroniumionen in die Kaliumchloridlösung und Kaliumionen in die Salzsäure. Der Chloridionenaustausch findet nach beiden Seiten in gleicher Größe statt
- von der Ausflussgeschwindigkeit der Elektrolytlösung

Literatur: 138, 139, 140

5.3.2
Überführungsspannung

An der Überführung der Referenzelektrode beeinflussen verschiedene Spannungen das Messsignal. Einen wesentlichen Anteil hat die Diffusionsspannung. Hinzu kommen Spannungen wie die Phasengrenzspannung oder Einflüsse aufgrund des Ausbreitungswiderstandes. Alle diese Faktoren bilden zusammen die Überführungsspannung, in vielen Fällen die Hauptstörquelle reproduzierbarer pH-Messungen.

Diffusionsspannung
Neben dem Austausch von Flüssigkeiten findet auch ein Austausch von Ionen durch Diffusion statt. Je geringer der Anteil des Flüssigkeitsaustausches ist, desto größer ist der Anteil des Ionenaustausches durch Diffusion.

Ein Austausch von Ionen bedeutet jedoch auch einen Austausch elektrischer Ladungen. Die verschiedenen Ionenarten diffundieren unterschiedlich schnell von der einen Lösung in die andere, so dass an der Kontaktstelle Diffusionspotentiale entstehen. Die Spannung zwischen diesen Potentialen ist die Diffusionsspannung. Sie beeinflusst direkt das Spannungssignal der Messkette und verfälscht das Messergebnis. Die Messabweichung kann in ungünstigen Fällen bis zu $\Delta pH = 1,5$ betragen.

Beispiel
Beim Kontakt gleich konzentrierter Lösungen von Chlorwasserstoff (Salzsäure) und Kaliumchlorid, diffundieren die Hydroniumionen schneller in die Kaliumchloridlösung als die Kaliumchloridionen in die entgegengesetzte Richtung. In der Kaliumchloridlösung entsteht ein positives Potential und in der Salzsäure ein negatives. Die positive Ladung der Hydroniumionen zieht eine entsprechend negative Ladung an Chloridionen hinter sich her. An der Kontaktfläche stellt sich ein Gleichgewicht und somit eine konstante Spannung.

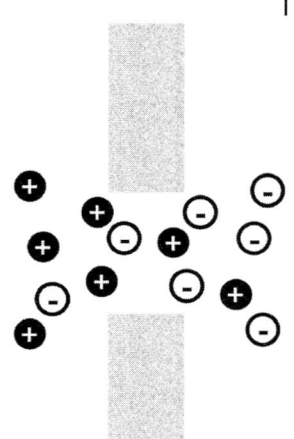

Elektrolyt- und Messionen erzeugen an der Überführung eine elektrische Spannung

Elektrolytart

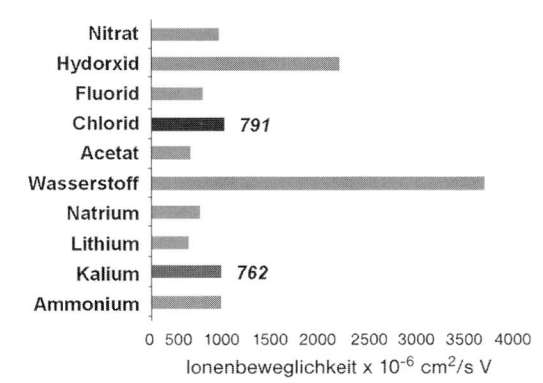

Ion	Ionenbeweglichkeit × 10⁻⁶ cm²/s V
Nitrat	~1000
Hydorxid	~2100
Fluorid	~750
Chlorid	791
Acetat	~500
Wasserstoff	~3700
Natrium	~600
Lithium	~450
Kalium	762
Ammonium	~800

Beweglichkeit verschiedener Ionenarten

Als Referenzelektrolyt hat sich Kaliumchlorid bewährt. Gegenüber anderen Chloriden hat es den Vorteil, dass die Diffusionsgeschwindigkeiten der Kalium- und Chloridionen etwa gleich groß sind. Beim Kontakt mit der Messlösung erzeugen sie eine relativ geringe Diffusionsspannung.

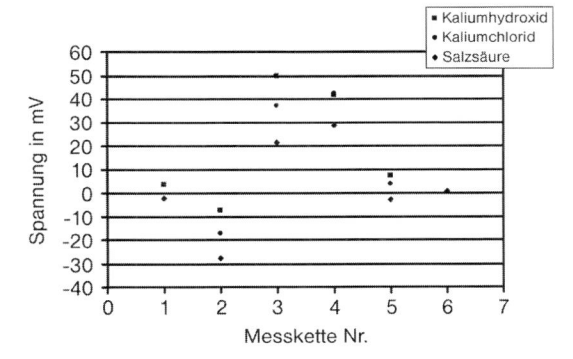

Überführungsspannung der pH-Messketten verschiedener Hersteller in unterschiedlichem Gebrauchszustand in Salzsäure, Kaliumchlorid- und Kaliumhydroxidlösung
(Messkette 1: neue Messkette mit Referenzelektrolytgel und Faserdiaphragma, Offsetspannung $U = 2$ mV;
Messkette 2: gebrauchte Messkette mit Referenzelektrolytgel und Ringspalt, $U = 23$ mV;
Messkette 3: gebrauchte Messkette mit Referenzelektrolytgel und Faserdiaphragma, $U = 12$ mV;
Messkette 4: gebrauchte Messkette mit Referenzelektrolytgel und Faserdiaphragma, $U = 16$ mV;
Messkette 5: gebrauchte Messkette mit Referenzelektrolytgel und Faserdiaphragma, $U = 6{,}3$ mV;
Messkette 6: gebrauchte Messkette mit Referenzelektrolytlösung und Keramikdiaphragma, $U = -2{,}3$ mV)

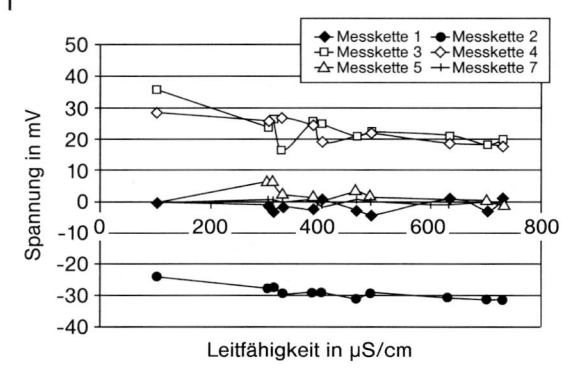

Überführungsspannung verschiedener pH-Messketten in Trinkwasser (Messkette 1 bis 5 sind identisch mit den Messketten 1 bis 5 der vorigen Abbildung; Messkette 7: Messkette mit Referenzelektrolytlösung und Schliff)

Elektrolytkonzentration

Weiterhin bestimmt das Verhältnis der Ionenstärke zwischen Elektrolyt- und Messlösung die Größe der Diffusionsspannung.

Sofern die Ionenstärke der Elektrolytlösung die der Messlösung deutlich übersteigt, bleibt die Diffusionsspannung klein und nahezu konstant. Ab einer Konzentration von 2 mol/l hängt die Diffusionsspannung nur noch wenig von der Elektrolytkonzentration ab. Für die Praxis haben sich daher Referenzelektrolytlösungen mit einer Konzentration von c = 3 mol/l bis c = 3,5 mol/l durchgesetzt.

Solange die Konzentration der Elektrolytlösung über c = 2 mol/l bleibt, bleibt auch die Diffusionsspannung konstant. Sinkt die Konzentration z. B. aufgrund einer Verdünnung, deutlich unter 2 mol/l, reagiert die Messkette zunehmend auf die Ionen der Messlösung. Ein regelmäßiger Wechsel der Lösung sorgt für eine optimale Ionenstärke der Elektrolytlösung.

Bei fehlendem Elektrolytausfluss dringt Messlösung in die Referenzelektrode. In der Überführung kommt es nach wenigen Minuten zu einer linearen Konzentrationsverteilung zwischen dem Elektrolyten in der Referenzelektrode und der Messlösung. Die Überführungsspannung kann in diesem Fall bis zu 20 mV ansteigen. Da die Diffusionskoeffizienten temperaturabhängig sind, verstärkt eine Temperaturerhöhung diesen Effekt.

Je nach Anwendung kann bereits nach 5 Minuten Kontakt mit einer Messlösung eine verzögerte Messwerteinstellung von bis zu 30 Minuten eintreten. Der Effekt ist umso größer, je länger die Überführung und je geringer der Ausfluss der Elektrolytlösung ist. In 1 cm langen Diaphragmen wurden Gedächtniseffekte bis zu 2 Stunden beobachtet.

Messlösung

Die Diffusionseigenschaften an der Überführung sind, sofern es sich um eine Elektrolytlösung handelt, noch gut kontrollierbar. Auf der Seite der Messlösung heißt es einfach: „Es kommt, wie es kommt". Die Referenzelektrode muss daher so ausgelegt sein, dass ihr keine Messlösung Probleme bereitet. Dies setzt eine ausreichende Kontrolle und Wartung der Referenzelektrode voraus.

In einigen Fällen gelangen mit der Messlösung auch Substanzen in die Elektrolytlösung, die zur Vergiftung des Referenzelementes führen (z. B. Sulfidionen). Das Potential der vergifteten Elektrode driftet.

Literatur: 144

5.3.3
Gedächtniseffekt

Der Gedächtniseffekt tritt an Referenzelektroden mit fehlendem oder nur geringem Elektrolytausfluss auf.

Bei jedem Wechsel der Messlösung verbleibt ein weiterer kleiner Rest der Messlösung in der Überführung. Für längere Zeit steht die letzte Messlösung zwischen der Referenzelektrolytlösung und der neuen Messlösung. Während des allmählichen Abbaus der Schichtung zeigt die Messkette eine veränderliche Diffusionsspannung, was eine längere Einstellzeit bedeutet.

Analog ist das Verhalten bei einer pH-Titration mit einer Messkette bei fehlendem Elektrolytausfluss. Aufgrund der schnellen, meist erheblichen pH-Änderung befindet sich in der Überführung Messlösung mit einer abweichenden Zusammensetzung. Eine störende Diffusionsspannung und eine falsche Identifikation des Äquivalenzpunktes sind die Folgen.

Literatur: 126, 139, 140

5.3.4
Ausbreitungswiderstand

Bei einer Leitfähigkeit von 1 µS/cm bis 100 µS/cm genügt ein Schliffdiaphragma, um den Ausbreitungswiderstand gering zu halten.

Literatur: 15

5.3.5
Phasengrenzspannung

An der Kontaktstelle zwischen verschiedenartigen Flüssigkeiten, insbesondere wässrigen und nichtwässrigen Flüssigkeiten, entsteht neben der Diffusionsspannung eine störende Phasengrenzspannung. Die Werte betragen häufig über 100 mV. Für die wichtigen Systeme Wasser/Methanol und Wasser/Ethanol sind die Spannungen jedoch mit 25 mV bzw. 30 mV auffallend gering.

Literatur: 15

5.3.6
Vorgänge an den Referenzelementen

Die Referenzelemente in der Referenz- und der pH-Glaselektrode sorgen für den elektrischen Kontakt zwischen der Elektrolytlösungen und dem Messkettenkabel. Das heute normalerweise verwendete Referenzelement ist ein mit Silberchlorid beschichteter Silberdraht.

Die Potentiale der Referenzelemente hängen von der Chloridionenkonzentration der Referenzelektrolytlösung ab. Um eine weitestgehend symmetrische Messkette zu erhalten, enthalten die Referenz- und die Glaselektrode eine Elektrolytlösung mit möglichst gleicher Chloridkonzentration.

Ideale Referenzelemente (Referenz- und Glaselektrode) erzeugen bei allen Temperaturen das gleiche Potential. Sie kompensieren ihren Einfluss auf das Messsignal somit gegenseitig.

Mit steigender Temperatur nimmt die Löslichkeit des Silberchlorids erheblich zu. Bei einer Löslichkeit im g/l-Bereich löst sich das Silberchlorid vom Silberdraht. Referenzelemente mit silberchloridbeschichteten Silberdrähten sind aus diesem Grund für höhere Temperaturen ungeeignet.

Messketten für Temperaturen über 80 °C enthalten einen Silberdraht, der sich in einer mit Silber und Silberchlorid gefüllten Kartusche (vgl. Elektrolytbrücke) befindet. In der Kartusche befindet sich verhältnismäßig viel Silberchlorid in dem sehr kleinen Volumen der Referenzelektrolytlösung mit sehr engem Kontakt, so dass sich das Lösungsgleichgewicht bei einer Temperaturänderung schnell einstellen kann. Solche Referenzelektroden arbeiten auch bei Temperaturänderungen fast hysteresefrei.

Literatur: 15

5.4 Messkettenspannung

Das Messsignal der pH-Messkette ist eine elektrische Spannung. Die Kettenspannung ist die messbare Spannung der Messkette. Sie ist gleich der Summe sämtlicher Einzelspannungen, die an verschiedenen Elementen der Messkette entstehen. Sie hängt ab

vom Potential der Membranaußenseite und somit von:
- der Hydroniumionenkonzentration der Messlösung
- der Querempfindlichkeit gegenüber Alkalien
- dem Zustand der Auslaugschicht
- der Temperatur

vom Potential der Membraninnenseite und somit:
- vom pH der Innenpufferlösung
- vom Zustand der Auslaugschicht
- von der Temperatur

von der Überführungsspannung und somit von:
- der Ionenkonzentration der Messlösung
- der Konzentration der Elektrolytlösung
- der Ausflussgeschwindigkeit der Referenzelektrolytlösung
- der Art und dem Zustand der Überführung
- der Temperatur

vom Potential der Referenzelemente und somit:
- von den Chloridkonzentrationen der Elektrolytlösungen
- von Vergiftungen des Referenzelementes
- von der Temperatur

weiterhin:
- vom Einstellverhalten
- von der Anströmung
- vom Druck

Da das Messsignal eigentlich nur vom pH der Messlösung abhängen soll, müssen alle anderen Spannungen möglichst klein und konstant sein.

Literatur: 120, 139

5.4.1
Kennlinie

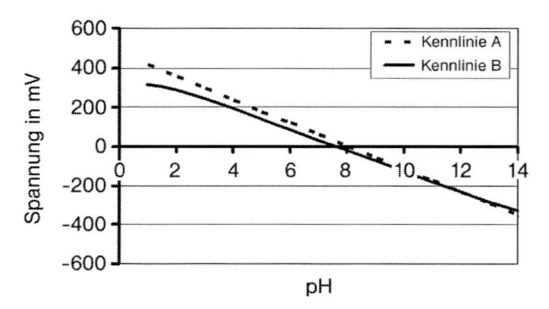

Kennlinien von pH-Messketten A: Messkette entsprechend der Nernstspannung B: Messkette mit verbrauchtem Referenzelektrolyt

Die Kennlinie einer pH-Messkette entsprechend der Nernstspannung ist linear. Bei einer gealterten Messkette, z. B. mit verbrauchtem Referenzelektrolyt ist die Steilheit zu gering und die Offsetspannung zu hoch. Bei hohen und niedrigen pH-Werten ist die Kennlinie unlinear. Die meisten Hersteller würden jedoch mitteilen, dass dies eine normale Kennlinie für eine pH-Messkette ist und die Messkette nur richtig „kalibriert" werden muss.

Linearität
Die pH-Messkette weist eine praktisch lineare Abhängigkeit vom pH-Wert auf. Die Membranoberfläche ist, wie bereits beschrieben, mit Hydroxyl- und Alkalisilikat-Gruppen belegt. Nur bei einem sehr geringen Anteil handelt es sich um die signalbildenden anionischen Oxy-Gruppen.

Eine pH-Änderung ändert im Wesentlichen das Verhältnis der Hydroxyl- zu den Alkalisilikat-Gruppen. Die Änderung bei den Oxy-Gruppen ist hierzu im Verhältnis vernachlässigbar klein. Aus diesem Grund bleibt auch die Aktivität der Oxy-Gruppen praktisch konstant, was wiederum die Ursache der linearen Abhängigkeit vom pH-Wert ist.

Eine häufig zu beobachtende Nichtlinearität vieler Messketten ist auf Störungen, in erster Linie auf Probleme bei der Überführungsspannung oder auf Querempfindlichkeit gegenüber Natriumionen, zurückzuführen.

5.4.2
Steilheit

Die Steilheit entspricht der Spannungsänderung pro pH-Einheit. Aus der Nernst'schen Gleichung ergibt sich für eine Temperatur von 25 °C ein theoretischer Wert von –59 mV.

$$U = U_0 + \frac{R \cdot T}{z \cdot F} \cdot \ln(a_{H^+})$$

U: Messkettenspannung
U_0: Normalspannung
R: allgemeine Gaskonstante
T: absolute Temperatur
z: Wertigkeit des Ions
F: Faradaykonstante
a_{H^+}: Aktivität der Hydroniumionen

Diese Spannungsänderung ist der Wert für die theoretische Steilheit (k) der Messkette. Aus der Gleichung ergibt sich, dass der Steilheitswert auch von der Temperatur der Messkette abhängt. Ein Grad Kelvin ändert ihn um 0,1984 mV.

Sorgfältige Untersuchungen von Baucke zeigen, dass u. a. die pH-Glaselektrode, wie zu erwarten, eine vom pH-Wert abhängige ideale Steilheit aufweist. Er fand jedoch auch eine geringfügige Abweichung vom idealen Verhalten der Glasmembran von ca. 0,3 %. Diese Beobachtung machten auch schon Kratz (0,4 %), Bates (0,5 %) und Covington (0,3 %). Baucke führt diese Untersteilheiten auf thermodynamische Ursachen zurück. Der Grund ist eine der Hydroniumionenaktivität entsprechende Änderung der Aktivitäten der anderen Teilnehmer am Oberflächengleichgewicht.

Die Steilheit entsteht genau genommen aus zwei Anteilen. Ein Teil beruht auf dem chemischen Anteil des Gleichgewichts und auf dem pH (Hydroniumionenaktivität) oder pM (Alkaliionenaktivität) der Lösung. Der andere Teil beruht auf den physikalischen Vorgängen zwischen dem Elektrodenpotential und der Aktivität der geladenen Oberflächengruppen. Beide Teile sind untrennbar mit der Aktivität der Oberflächengruppen verbunden.

Die Nernstgleichung berücksichtigt nur die Abhängigkeit des Membranpotentials vom pH und pM. Dies ist bei dem stattfindenden Dissoziationmechanismus der Membran auch nahezu korrekt.

Da es sich beim Dissoziationsmechanismus des Membranglases um eine heterogene Dissoziation der Hydroxyl-Gruppen und Alkalisilikat-Gruppen an der Glasoberfläche handelt, verursachen die entgegengesetzten Reaktionen der sauren Hydroxyl-Gruppen und der sehr kleinen Anzahl an Oxy-Gruppen einen Verlustfaktor. Dieser Faktor beträgt im praktisch genutzten Bereich der pH-Messkette 0,1 % bis 0, 5 % der Nernststeilheit.

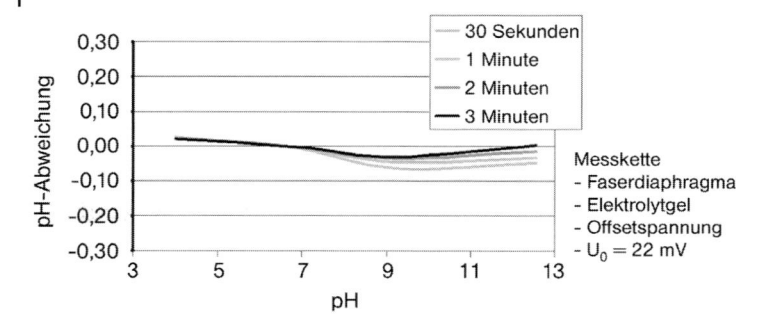

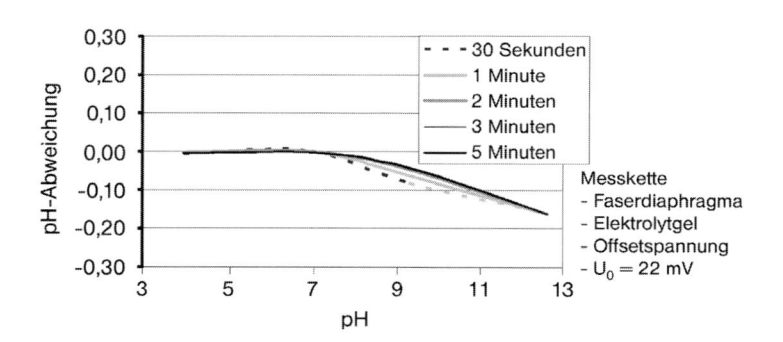

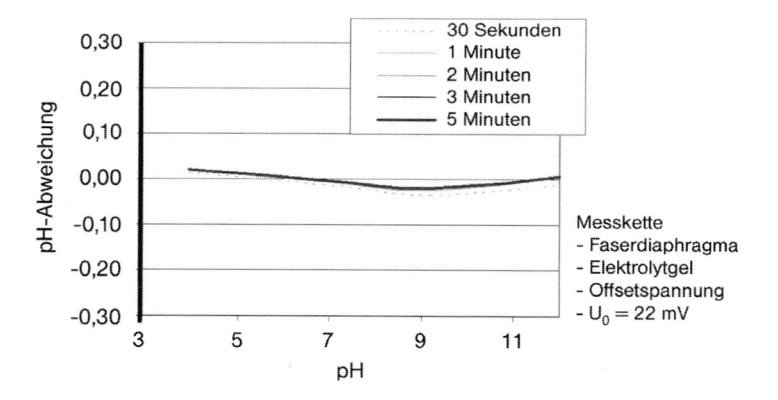

Literatur: 134, 135, 136

5.4.3
Kettennullpunkt und Offsetspannung

Ein weiterer wichtiger Kennwert, der sich aus der Kennlinie der Messkette ergibt, ist der Kettennullpunkt. Dieser Wert entspricht dem pH-Wert, bei dem die Messkettenspannung $U = 0$ mV ist. Wie vorher beschrieben, muss der Kettennullpunkt bei einer neutralen Innenpufferlösung pH = 7 sein.

Aufgrund der einfacheren Bestimmbarkeit wird in der Praxis meist die Offsetspannung anstelle des Kettennullpunktes angegeben. Es handelt sich um die Messkettenspannung bei pH = 7, dem pH-Wert, bei dem der Kettennullpunkt liegen sollte.

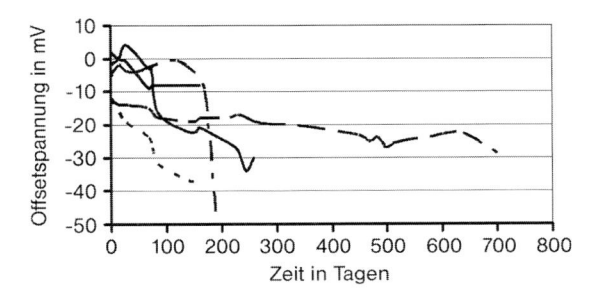

Änderung der Offsetspannung bei der Online-Messung in Schwimmbeckenwasser
Verhalten der Offsetspannung von 5 Online-Messkettentypen verschiedener Hersteller, eingebaut in der Mess- und Regelanlage eines Schwimmbades: Die Grafik zeigt deutlich die unterschiedliche Haltbarkeit der Messketten, die zwischen 100 und 800 Tagen betrug. Gründe für den Austausch der Messketten waren ein träges Einstellverhalten und eine zu große Anströmempfindlichkeit.

Bei neuen oder frisch mit Elektrolytlösung gefüllten Messketten weicht die Offsetspannung bereits um $U = +10$ mV vom theoretischen Spannungswert ab. Eine Untersuchung der Firma Ingold (heute Mettler-Toledo) an Messketten vom Typ U 402 ergab: 95 von 100 geprüften Messketten hatten eine Offsetspannung im Bereich von $U = -10,4$ mV bis $U = +3,8$ mV. Die DIN 19261 erlaubt eine Abweichung bis zu $\Delta pH = 0,5$. Dies entspricht einer Offsetspannung von 30 mV. Der Grund liegt häufig in einer im Vergleich zur Innenpufferlösung erhöhten Chloridkonzentration der Referenzelektrolytlösung, z. B. aufgrund eines erhöhten Kaliumchloridvorrates. Bei der Messung bewegt sich die Offsetspannung nun auf den theoretischen Wert zu. Diese produktionsbedingte Abweichung beeinträchtigt das Verhalten der Messkette praktisch nicht.

Korrosionsprodukte, die beim Altern der Messkette in der Innen-Elektrolytlösung entstehen, verschieben deren pH in basischer Richtung. Auch hieraus resultiert eine Änderung der Offsetspannung, diesmal jedoch in positiver Richtung. Über einen längeren Zeitraum kann die pH-Zunahme die Offsetspannung bis auf 100 mV ansteigen lassen, zunehmende Probleme beim Temperaturverhalten sind die Folge.

Das größte Problem ist die Änderung der Offsetspannung aufgrund einer zunehmenden Überführungsspannung. Dieser Wert kann mehr als 50 % des Gesamtwertes ausmachen. Er beruht auf der Verdünnung oder dem Auslaugen des Elektrolyten in der Referenzelektrode.

Da auch die Werte der anderen Referenzlösungen hiervon betroffen sind, ist neben einer zunehmenden Offsetspannung auch eine scheinbare Abnahme der Steilheit zu beobachten. Dieser Effekt wird durch die dann auch längere Einstellzeit weiter verstärkt.

Ein vom Neuzustand der Messkette verschobener Nullpunkt ist daher stets ein Indikator für ein Messkettenproblem. Da die Überführungsspannung in den Referenzlösungen aufgrund der hohen Ionenstärke deutlich geringer zunimmt als in den meisten Messlösungen, sollten je nach Messkettentyp bereits ab einer Spannungsänderung von 5 mV die entsprechenden Korrekturmaßnahmen ergriffen werden.

Literatur: 120, 139

Temperatureinfluss auf die Kettenspannung

Eine Temperaturänderung ändert alle Potentiale der Messkette. Die Temperaturfunktion der Messkette ist daher sehr kompliziert. pH-Messgeräte berücksichtigen bei der Temperaturkompensation nur die Temperaturfunktion der Steilheit der Kennlinie mit einem theoretischen Temperaturkoeffizienten von $3{,}353 \cdot 10^{-3}/K$.

Die Firma Ingold bestimmte in einem Ringversuch mit 300 pH-Messketten verschiedener Fabrikate einen Temperaturkoeffizienten von $\alpha = 3{,}21 \cdot 10^{-3}/K$ mit einer Standardabweichung $\sigma = \pm 0{,}53 \cdot 10^{-3}/K$.

pH-Messungen, bei denen die Präzision von besonderer Bedeutung ist, sollten unter definierten Temperaturbedingungen erfolgen.

Isothermenschnittpunkt

Die temperaturabhängigen Kennlinien der pH-Messketten haben einen annähernd gemeinsamen Schnittpunkt. Man bezeichnet ihn als Isothermenschnittpunkt. Seine Koordinaten kennzeichnet der Index „is"

pH_{is}: pH-abhängige Koordinate
U_{is}: spannungsabhängige Koordinate

Bei einem idealen Temperaturverhalten der Messkette liegt der Isothermenschnittpunkt bei $pH_{is} = 7$ und $U_{is} = 0$ mV.

Von der Firma Ingold an 300 neuen Messketten verschiedener Fabrikate durchgeführte Messungen ergaben für die Spannungskoordinate:

Mittelwert: $U_{is} = 11{,}7$ mV
Standardabweichung $\sigma = \pm 34$ mV

Wesentlich besser war die Auswertung einzelner Serien (mehrere Messketten von 2 verschiedenen Typen):

	Typ I	Typ II
Anzahl	28	20
Mittelwert	+18 mV	+28 mV
Standardabweichung	±18 mV	±7 mV

Die Kenntnis des Isothermenschnittpunktes hilft bei der Beurteilung der Qualität der Messkette. Ein weit von den theoretischen Koordinaten abweichender Wert weist auf ein schlechtes Temperaturverhalten hin.

Eine genauere geräteseitige Temperaturkompensation ist durch das Justieren des Isothermenschnittpunktes nicht zu erhalten. Der Isothermenschnittpunkt hängt zu über 50 % von der Diffusionsspannung ab und somit wesentlich von der Messlösung.

Eine Messunsicherheit von 1 mV kann sich bei der Berechnung der Spannungskoordinate U_{is} mit ±12 mV auswirken.

Literatur: 120

5.4.4
Einstellverhalten

Die Einstellzeit einer einwandfreien pH-Messkette beträgt je nach Anforderungen an die Reproduzierbarkeit der Messwerte zwischen etwa 30 Sekunden und 10 Minuten.

Diese Zeit hängt von verschiedenen Faktoren ab:
- Art und Zustand der Referenzelektrode
- Dicke und Zustand der Auslaugschicht
- Leitfähigkeit, pH-Wert und Temperatur der Messlösung
- pH einstellende Gase in der Messlösung
- Anströmung der Messkette

Art und Zustand der Referenzelektrode

Ein gutes Einstellverhalten liegt vor, wenn die Ionen der Elektrolytlösung schnell und ungehindert in die Messlösung diffundieren können. Je durchlässiger eine Überführung ist, umso schneller reagiert die Messkette. Neben der Ausführung (Keramikdiaphragma, Schliff) kann auch Schmutz den Elektrolytaustausch behindern. Auch ein ausgelaugtes Elektrolytgel oder eine verdünnte Elektrolytlösung können instabile Signale und eine lange Einstellzeit verursachen.

Lange Einstellzeiten sind besonders ausgeprägt bei Messketten, die länger im Gebrauch waren. Schmutz, Aufrauungen und Kratzer behindern die Einstellvorgänge in und auf der Auslaugschicht der Glasmembran.

Messlösung

Die Einstellvorgänge an der Überführung hängen sehr stark von der Leitfähigkeit der Messlösung ab. Je geringer die Leitfähigkeit ist, desto instabiler ist das Messsignal und umso länger benötigt die Messkette zum Erreichen des stabilen Endwertes.

Dicke und Zustand der Auslaugschicht

Besonders kurz ist die Einstellzeit bei einer dünnen Auslaugschicht. Mit dem Alter der Messkette wird die Dicke der Auslaugschicht größer und die Einstellzeit kann bis zu einem Faktor 1000 zunehmen.

Im basischen Bereich nimmt die Einstellzeit mit zunehmenden pH zu. Der Grund hierfür ist die abnehmende Zahl der Hydronium-

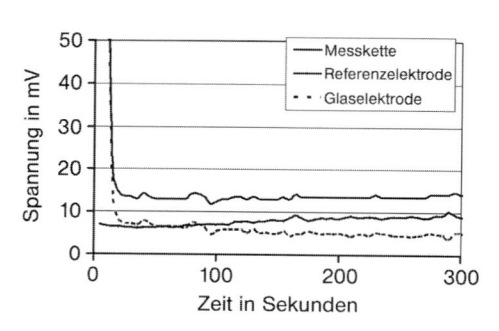

Einstellverhalten einer Messkette mit eingedickter Elektrolytlösung
Spannungsmessung der Glas- und Referenzelektrode gegen eine externe Referenzelektrode

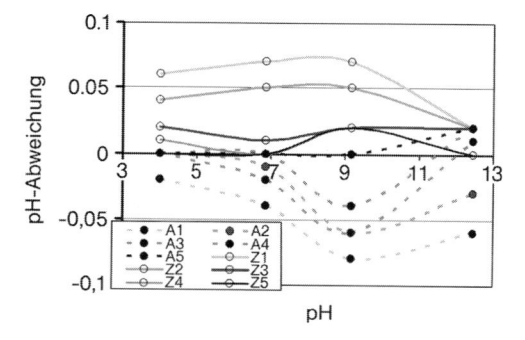

Einstellverhalten einer Messkette mit Elektrolytgel
A: Messung in Richtung abnehmender pH-Werte.
Z: Messung in Richtung zunehmender pH-Werte;
Stabilitätskriterium
1: 1 mV/30s
2: 1mV/60s
3: 0,1 mV/60s
4: 0,1 mV/300s
5: 0,1 mv/600s

ionen. Die Zunahme der Einstellzeit kann bis zu einer Zehnerpotenz betragen.

In organischen Flüssigkeiten sind ebenfalls nur wenige Ladungsträger enthalten. Obwohl die Auslaugschicht in diesen Lösungen nur sehr dünn ist, kann die Einstellzeit um einen Faktor 1000 bis 10 000 länger als in wässrigen Lösungen sein.

Mit steigender Temperatur nimmt zwar die Dicke der Auslaugschicht zu, die Beweglichkeit der Hydroniumionen steigt jedoch in einem solchen Maß, dass die Einstellzeit abnimmt.

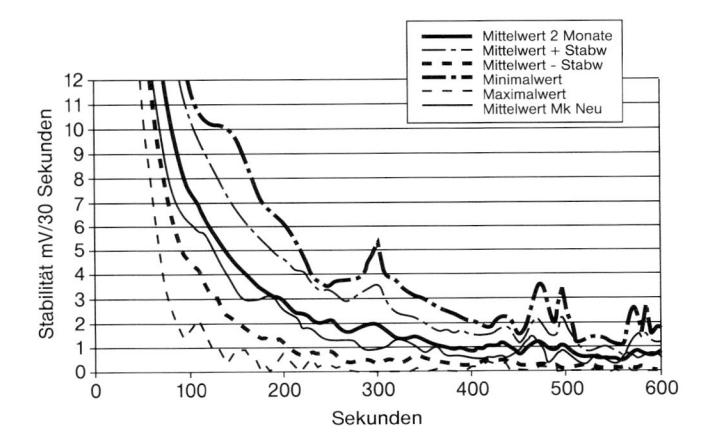

Einstellverhalten von pH-Messketten nach 2 Monaten Erprobung in Schwimmbeckenwasser

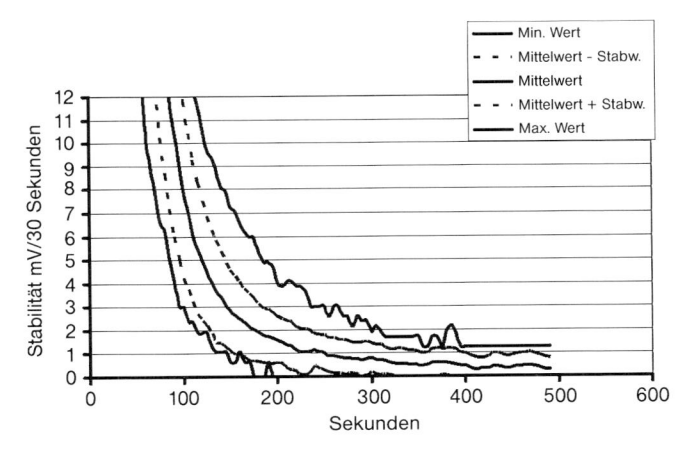

Einstellverhalten einer gebrauchten Messkette mit Platindiaphragma und Elektrolytlösung in 33 verschiedenen Trinkwasserproben.
Temperatur der Proben: 22,5 °C ± 4,5 K, Leitfähigkeit (bei 25 °C der Proben): γ = 480 µS/cm ± 240 µS/cm

Ein weiterer Effekt ist bei pH-einstellenden gelösten Gasen feststellbar. Insbesondere bei chlorhaltigen Schwimmbeckenwasser sind deutlich längere Einstellzeiten zu beobachten als in den ungechlorten Trinkwässern.

5.4.5
Anströmung

Ein gleichmäßiges Vorbeifließen der Messlösung an der Messkette führt zu konstanten Verhältnissen vor der Überführung und verbessert deutlich das Einstellverhalten der Messkette. In einer unbewegten Lösung nimmt direkt vor der Überführung die Konzentration der Elektrolytionen zu und die Diffusionsspannung ab. Fließt die Lösung jedoch an der Überführung vorbei, so nimmt sie die aus der Referenzelektrode diffundierenden Ionen sofort mit. Die Diffusionsspannung bleibt konstant. Diese Effekte sind umso deutlicher je größer die Konzentrationsunterschiede zwischen der Referenzelektrolytlösung und der Messlösung sind. Am stärksten ist der Anströmeffekt bei Messlösungen mit sehr niedriger Leitfähigkeit. Er hängt jedoch auch deutlich davon ab, auf welchem Wege und wie schnell die Elektrolytionen nachdiffundieren können. Ein Elektrolytgel behindert diese Vorgänge aufgrund des fehlenden Ausflusses. Die Behinderung nimmt mit dem Grad des Elektrolytverlustes über die Zeit zu, so dass diese Messketten nach kurzer Zeit sehr rührempfindlich sind. Bei einer Elektrolytlösung, die über einen Ringspalt (z. B. Schliff) fließen kann, ist der Anströmeffekt gering, die Lösung fließt gleichmäßig über den Schliff.

Das Rühren der Messlösung ist für Messungen in klaren, wässrigen Lösungen in der DIN 19268 und in der ISO 10523 empfohlen. Es verbessert das Einstellverhalten der Messkette und somit die Reproduzierbarkeit der Messergebnisse.

Bei gealterten Messketten und solchen, die Probleme mit der Überführungsspannung haben, erzeugt das Anströmen der Messkette zum Teil erhebliche Messabweichungen von bis zu mehr als $\Delta pH = 0{,}5$.

Besonders große Abweichungen treten auf bei Messketten mit
- verschmutztem Diaphragma
- sehr feinporigem Diaphragma
- ausgelaugtem Elektrolytgel
- ausgelaugtem Elektrolytpolymerisat

Für sehr verdünnte Lösungen nimmt man an, dass die Strömung die Helmholtz'sche Doppelschicht an der Membran stört.

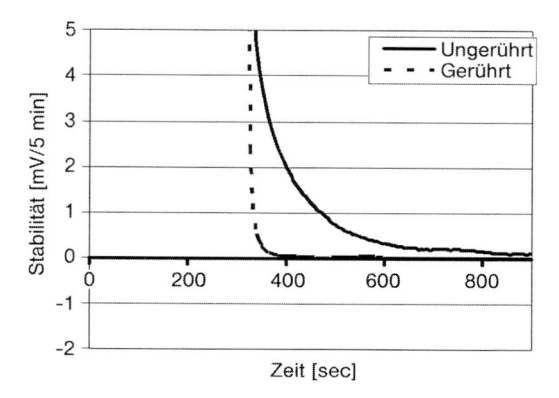

Einlaufverhalten in gerührter und ungerührter Referenzlösung
Messkette: Platindiaphragma, Elektrolytlösung;
Messlösung: Referenzlösung pH = 4 nach DIN 19266

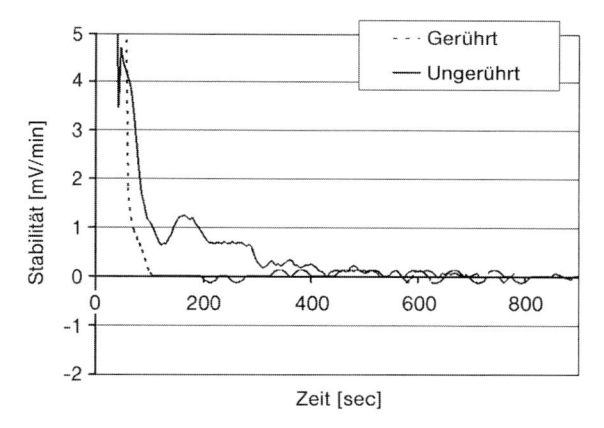

Einlaufverhalten in gerührtem und ungerührtem Trinkwasser
Messkette: Platindiaphragma, Elektrolytlösung;
Messlösung: Trinkwasser + VE-Wasser γ = 50 µS/cm

Der größte Teil des Rühreffekts tritt an der Überführung auf. Die Strömung entfernt die Ruhezone vor der Überführung und vergrößert die Diffusionsspannung.

Längeres Rühren ändert auch die Konzentrationsverteilung im Diaphragma. Es dringt mehr Messlösung in das Diaphragma ein.

Der Anströmeffekt kann leicht Schwachstellen bei den Messbedingungen aufdecken, besonders in Bezug auf die Referenzelektrode. Da die Prüfung sehr einfach ist, sollte sie bei jeder Messung erfolgen. Schade, dass es bisher kein Hersteller anbietet, zumindest für Laborgeräte.

Im Entwurf der DIN 38404-5 ist auf Wunsch einzelner Hersteller das permanente Rühren bei der Messung durch ein Rühren mit anschließender Messung in ungerührter Lösung ersetzt worden. Diese Maßnahme erschwert ein leichtes Erkennen mangelhafter Messketten.

5.4.6
Druck

Der Druck wirkt sich zunächst auf die Überführungsspannung aus. Dringt die Messlösung aufgrund eines Überdruckes in die Referenzelektrode, verursacht auch das Verdünnen der Elektrolytlösung eine Unsicherheit.

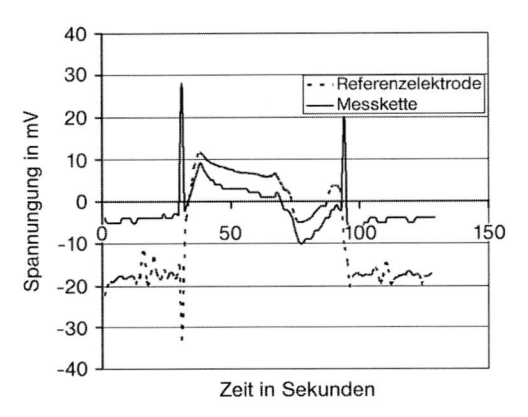

Verhalten einer Messkette mit Elektrolytlösung beim Abtauchen in Schwimmbeckenwasser auf 1 m Wassertiefe. Die Spannungen der Referenzelektrode wurden gegen eine zweite stabile Referenzelektrode gemessen. Die Messkette zeigt eine überdurchschnittliche Druckempfindlichkeit.

5.4.7
Schmutz

Schmutz stört die pH-Messung auf verschiedenen Wegen. Da die Verschmutzung der Messkette kaum zu verhindern ist, sollte sie durch regelmäßige Kalibrierungen, Tests und eine fachgerechte Reinigung auf ein akzeptables Maß begrenzt werden.

Verschmutzte Membran
Eine Messkette mit verschmutzter Membran spricht deutlich langsamer auf pH-Änderungen an. Die Gleichgewichtseinstellung zwischen dem Glas und der Messlösung muss nun über die verbleibenden freien, funktionellen Gruppen oder über die Schmutzschicht erfolgen. Die in der Schmutzschicht befindliche Lösung der letzten Messung beeinflusst die Einstellvorgänge auf der Membran, und die

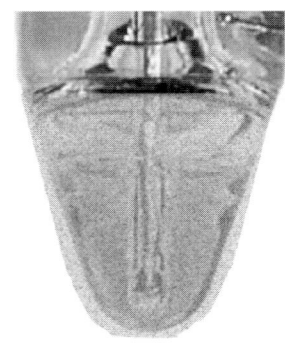

Membran mit sichtbarer Verschmutzung

bereits schon sehr geringe Leistung der anionischen Oxy-Gruppen wird weiter geschwächt. Die Zeit für die Ladungsänderungen in den Übertragungswegen, insbesondere im Kabel, nimmt zu.

Gealterte Membran

Das Altern der Membran ist grundsätzlich kein Problem, da ihr Glasvorrat für mindestens 100 Jahre reicht. Manche Membranen zeigen sogar erst nach längerem Betrieb ihre volle Leistung. Problematisch ist das Altern, wenn es mit einem Belag der Membran verbunden ist (siehe Absatz „Verschmutzte Membran") oder wenn Chemikalien (Laugen, Flusssäure usw.) oder mechanische Einflüsse (Sand) die Auslaugschicht aufgeraut haben. Die kleinen Hohlräume und Kratzer enthalten stets ein kleines Volumen der Messlösung. Nach jeder pH-Änderung oder Wechsel der Messlösung ist stets der Austausch dieser Lösung notwendig, bevor das Messsignal stabil ist. Je rauer die Oberfläche ist, desto langsamer reagiert die Messkette.

Bei pH-Werten im Bereich von pH = 10 bis pH = 14 nimmt die Einstellzeit aufgrund der geringen Zahl an Hydroniumionen zu. Die Zunahme der Einstellzeit kann bis zu einer Zehnerpotenz betragen.

Verschmutzte Überführung

Verschmutzungen in und an der Überführung entstehen durch Ablagerungen von organischen Substanzen (z. B. Fett) oder schwerlöslichen Reaktionsprodukten aus der Messlösung oder durch eine Reaktion von Substanzen aus der Messlösung mit denen der Referenzelektrolytlösung.

Bei einer mit Silberchlorid gesättigten Referenzelektrolytlösung können Silberverbindungen die Überführung verunreinigen. Schwerlösliche Verbindungen entstehen z. B.

- bei der Reaktion von Kaliumchlorid mit Protein
- bei der Reaktion von Silberchlorid mit Sulfid, Jodid, Bromid oder Trispufferlösungen
- bei der Reaktion von Silberchlorid mit starken Reduktionsmitteln; sie reduzieren das Silber und das Diaphragma versilbert
- bei der Verdünnung von silberchloridhaltigen Elektrolytlösungen mit Messlösungen, die eine Leitfähigkeit unter 100 µS/cm aufweisen

Verschmutzungen
- erhöhen den Widerstand des Diaphragmas
- verursachen oder verstärken Gedächtniseffekte
- erhöhen die Rührempfindlichkeit
- verursachen ein unberechenbares Temperaturverhalten

Verschmutzungen behindern oder blockieren den elektrischen Kontakt zwischen der Elektrolytlösung und der Messlösung. Aufgrund der abnehmenden Ausflussgeschwindigkeit nehmen die Gedächtniseffekte zu. Der schlechte elektrische Kontakt führt zu schlecht reproduzierbaren Diffusionsspannungen. Die Einstellzeit der Messkette und die Empfindlichkeit auf Wasserbewegungen nehmen zu.

Einige Referenzelektroden enthalten 2 bis 4 Diaphragmen, um einer totalen Verstopfung vorzubeugen. Die Messkette hat in diesem Fall zwar einen kleineren Widerstand als mit nur einem Diaphragma, die Verschmutzungsgefahr ist jedoch nicht geringer. Ist eines der Diaphragmen verschmutzt, so kommt es an den noch freien Diaphragmen zu zusätzlichen Störungen. Es entstehen Störspannungen zwischen den unterschiedlichen Potentialen der Überführungen.

5.5
Messgerät

Das pH-Messgerät misst die Messkettenspannung und berechnet den auf der Anzeige ablesbaren pH-Wert. Die Berechnung kann entweder mit einer Analogtechnik oder über einen Mikroprozessor erfolgen.

5.5.1
Hochohmigkeit

Für eine genaue Spannungsmessung darf über das Messgerät kein Strom fließen. Diese Forderung ist in der Praxis jedoch nicht erfüllbar. Während jeder Messung fließt zumindest ein kleiner Strom durch das Messgerät. Entsprechend der Größe dieses Stromes nimmt die Kettenspannung ab und die Messabweichung zu. Um den Fehler vernachlässigbar klein – unter ein Promille – zu halten, muss das Messgerät einen Widerstand von mindestens 10^{12} Ω aufweisen. Derart hohe Widerstände erreichen die Geräte z. B. durch einen Operationsverstärker. Er kompensiert mit einer Gegenspannung den größten Teil der Eingangsspannung.

Ein Festwiderstand von einigen Megaohm verhindert einen Kurzschluss nach dem Ausschalten des Gerätes. Es verbleibt jedoch ein Reststrom, der die Messkette polarisiert und sie unnötig belastet. Vor dem Ausschalten des Messgerätes ist es daher sinnvoll, die Messkette vom Gerät zu trennen. Insbesondere ein längeres Verbleiben an einem abgeschalteten Gerät sollte vermieden werden.

Ein Problem bei der Messung sind alle niederohmigen Verbindungen in der Messkette oder im Messgerät. Sie verursachen einen Spannungsabfall und eine entsprechende Messabweichung. Niederohmige Verbindungen können z. B. schlechte Isolierungen oder eine feuchte Steckverbindung sein. Die Anschlüsse kann man durch regelmäßiges Trocknen, z. B. mit Petrolether, von der Feuchtigkeit befreien.

Aus dem Eingangsverstärker fließt ein kleiner Strom im pA-Bereich in die Messkette zurück. Er hat einen Versatz der Kettenspannung von einem bis einigen Millivolt zur Folge. Normalerweise bemerkt man diesen zusätzlichen Offset der Messkette nicht, da man ihn mit dem Justieren der Offsetspannung eliminiert.

Gut zu beobachten ist die Wirkung des Störstromes, wenn die Messkette aus der Messlösung genommen wird. Sobald der äußere Feuchtigkeitsfilm zwischen Diaphragma und Membran abreißt, ist der Kettenwiderstand so groß, dass die Spannung am Ausgang des Gerätes auf einen extremen Wert außerhalb des Messbereiches ansteigt.

Literatur: 9, 15, 142

5.5.2
Widerstand

Je größer der Widerstand des elektrischen Messkreises ist, desto leichter können elektromagnetische Felder das Messsignal beeinflussen. Die pH-Messung ist eine Spannungsmessung mit einem sehr hohen Widerstand $R = 10^{12}$ Ω. Die Messeinrichtung reagiert daher sehr empfindlich auf elektromagnetische Felder. Besonders gefährdet sind hierbei die Übertragungskabel. Zum Schutz sind pH-Messkettenkabel von einer Schirmung umgeben. Eine Unterbrechung der Schirmung zum Beispiel bei einer Kabelverlängerung oder Wechsel des Steckers kann zu extrem instabilen Messwerten führen.

Auch bei geschirmten Kabeln nimmt das Risiko von Störungen mit der Kabellänge zu. Bei langen Kabeln sollte beachtet werden, dass möglichst keine anderen stromführenden (besonders Starkstromkabel) in der Nähe verlaufen. Auch in Bezug auf elektromagnetische Einflüsse ist ein Vorverstärker nahe der Messkette zu empfehlen.

Verschmutzungen der Überführung erhöhen den Widerstand und somit die Empfindlichkeit gegen elektromagnetische Störungen. Bei einer stark verschmutzten Überführung reicht die Annäherung einer Person, um eine Signaländerung zu bewirken.

Ein extrem hoher Widerstand liegt z. B. bei einem Kabelbruch vor. In diesem Fall zeigt das Gerät zunächst extrem instabile Werte und geht dann in den Überlauf.

5.5.3
Geschirmte Kabel

Eine gewöhnliche Glaselektrode hat einen Membranwiderstand von bis zu 1 GΩ, der Eingangswiderstand des pH-Messgerätes beträgt bis zu 1 TΩ. Aus der elektrischen Leitung zwischen diesen beiden Widerständen fließen statische Ladungen nur langsam ab.

Zum Schutz vor kapazitiven und induktiven Einflüssen muss das Kabel der Messkette geschirmt sein. Sollte die Schirmung an irgendeiner Stelle des Leiters unterbrochen sein, so tritt die bekannte Handempfindlichkeit auf. Die Messwertanzeige reagiert auf das Nähern oder Entfernen der Hand.

Literatur: 44

5.5.4
Kabelkapazität

Zusammen mit dem Messkettenwiderstand und dem Eingangswiderstand des Gerätes bildet die Kapazität des Kabels ein Zeitglied, das das Ansprechverhalten auf Änderungen der Messspannung verzögert.

Bei veränderten pH-Werten muss die Messkette zunächst das Messkabel entsprechend laden, bevor das Messgerät die Spannungsänderung wahrnehmen kann. Bei Messketten mit hohem Widerstand und längerem Anschlusskabel können Zeitkonstanten auftreten, die schnelle Messungen behindern. Diesen Effekt beseitigt ein Impedanzwandler nahe an der Messstelle, d. h. ein Verstärker, dessen Ausgangsspannung gleich groß ist wie die Eingangsspannung. Die Ausgangsspannung steht hierbei jedoch niederohmig zur Verfügung.

5.5.5
Erden und Erdschleifen

Ein Erden des Messgerätes ist nur notwendig, wenn große Verbraucher oder Geräte wie z. B. Thermostaten die Messung stören.

In einer ordnungsgemäßen Stromverteilung ist der Erdleiter des Netzes nutzbar. Dort, wo Spannungsschwankungen auftreten, ist eine gesonderte Erdleitung besser, z. B. die Wasserleitung. Mit ihr sind dann auch die übrigen elektrischen Geräte geerdet. Probleme können auftreten, wenn das Messgerät und die Messlösung geerdet sind.

Beispiele

Die Messung erfolgt in einer Messlösung mit Bodenkontakt, und am Messgerät ist ein netzbetriebener Schreiber oder PC angeschlossen.

In der Messlösung befinden sich potentialbildende Geräte, z. B. eine Pumpe, und am Messgerät ist ein netzbetriebener Schreiber oder PC angeschlossen.

Ähnlich können die Probleme sein, wenn mehrere elektrochemische Sensoren in die gleiche Messlösung tauchen und die Geräte an einem Mehrkanalschreiber oder einem PC zusammengeschlossen sind.

In all diesen Fällen erfolgt ein Stromfluss über die Referenzelektrode, der diese nach kurzer Zeit zerstört. Die erhaltenen Messwerte zeigen häufig eine große Messabweichung. Beseitigen lässt sich die Störung durch den Einbau eines Trennverstärkers.

Literatur: 141

6
Prüfmittelüberwachung

Die Prüfmittelüberwachung ist ein wichtiges Element im Qualitätssicherungssystem. Sie

- sichert Messeinrichtungen, die im einwandfreien Zustand für die vorgesehene Prüfaufgabe geeignet sind
- sichert die Rückführbarkeit und Rückverfolgbarkeit der Messergebnisse
- hilft Kosten zu vermeiden

Ein wichtiger Aspekt der Prüfmittelüberwachung betrifft Daten, die zur externen Verwendung (z. B. Auftraggeber) weitergegeben werden. Sind für die Genauigkeit der Mess- und Prüfmittel verbindliche Anforderungen festgelegt, so bedeutet die Nichterfüllung dieser Anforderungen das Fehlen der garantierten Qualität mit beträchtlicher Folgehaftung.

Ist der Nachweis für das Nichtvorliegen einer Verpflichtung zur Haftung erforderlich, muss der Hersteller in der Lage sein, durch Hinweis auf ein systematisches und in Unterlagen vollständig beschriebenes System nachzuweisen, dass

- angemessene Mess- und Prüfmittel gewählt wurden
- diese in ordnungsgemäßem Betriebszustand waren
- sie vorschriftsmäßig zur Kontrolle eines Produktes verwendet wurden

6.1
Prüfmittelstammkarte

Die Prüfmittelstammkarte ist eine Maßnahme, um die Rückverfolgbarkeit der Messwerte zu sichern. Die Aufzeichnungen müssen heutzutage nicht unbedingt in Papierform vorliegen.

6.1.1
Stamm- und Kalibrierdaten

Die Karte muss alle Daten enthalten, die die Messeinrichtung eindeutig identifizieren und deren Zustand rückverfolgbar beschreiben, z. B.:

Prüfmittelstammkarte		Erstellt		
Prüfmittel-bezeichnung	Ident.-Nummer	Datum	Name	Unterschrift
Hersteller	Typ	Serien-Nr.		Lieferant
Anschaffungs-datum	Inbetrieb-nahme	Garantiezeit		Prüfmittel-beauftrager
Lagerort	Standort	Anwender		
Unsicherheit	Messbereich	Temperatur-bereich		Luftfeuchte-bereich
letzte Kalibrierung	Kalibrier-intervall	Kalibrier-anweisung		Nächster Kal.-Termin
Referenzlösung(en)				

6.1.2
Kalibrierergebnisse

Die Karte sollte alle Kalibrierergebnisse und ein Überwachungsdiagramm enthalten.

Kalibrierergebnisse								
Prüf-Nr.	Datum	Ergeb-nis	UGW	OGW	Anlass	Maß-nahmen	Kalibrier-normal	Prüfer
1								
2								
3								
4								
5								

6.1 Prüfmittelstammkarte | 175

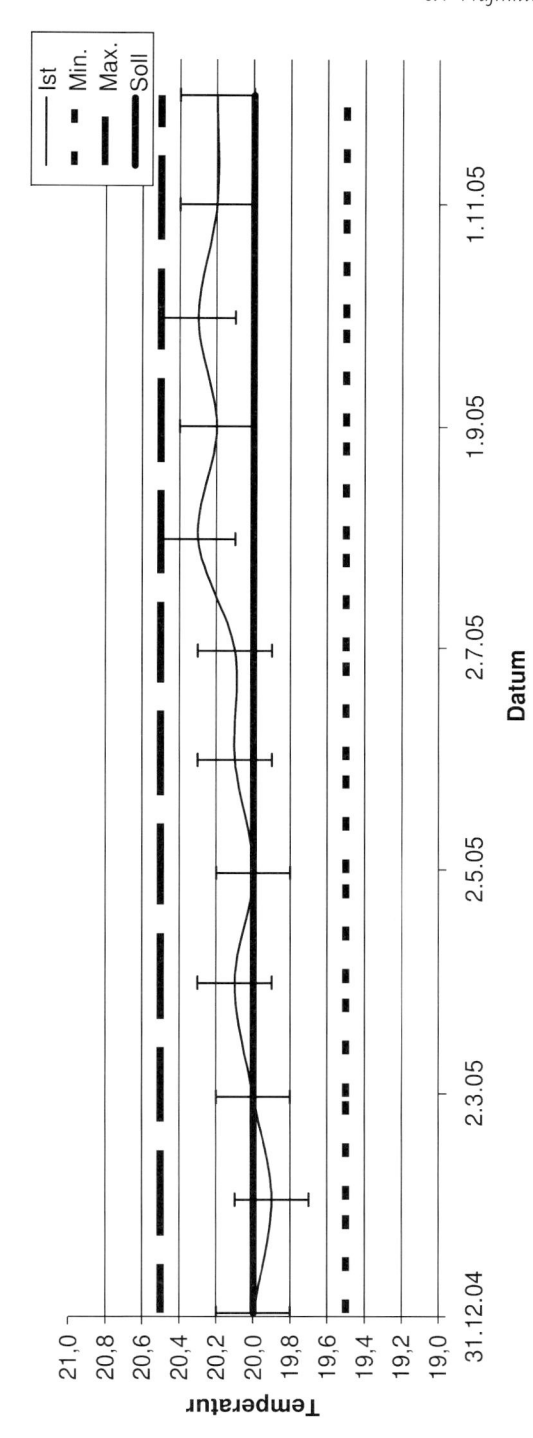

Überwachungsdiagramm

6.1.3
Bewegungsdaten

Für pH-Messeinrichtungen, die von mehrere Personen an unterschiedlichen Orten verwendet werden, sollten auch die Bewegungsdaten dokumentiert werden.

Bewegungsdaten				
Ausgabe-Datum	Rückgabe-termin	Anwender	Mahnungen	Bemerkungen

6.1.4
Servicedaten

Daten der Firma, die den Service übernimmt und Angaben zu durchgeführten Wartungsarbeiten.

Servicedaten			
Firma	Straße	Ort	
Ansprechpartner	Telefon/Mobil	E-Mail	Fax
Wartungen/Reparaturen			
Datum	Grund	Maßnahmen	

Literatur: 142, 143

6.2 Prüfmittelfähigkeit, Eignung und Validierung

Die Prüfmittelmittelfähigkeit und der Eignungstest der pH-Messeinrichtung sind im Kapitel „Eingangsprüfung" detailliert behandelt. Bei der Validierung ist nun noch nachzuweisen, dass das Verfahren die besonderen Anforderungen für den speziellen, beabsichtigten Gebrauch erfüllt.

Die Validierung umfasst
- die Charakterisierung des Prüfverfahrens, Ermitteln der Verfahrenskenngrößen
- den Vergleich mit Qualitätsforderungen, Verfahrenskenngrößen mit Eigenschaften der vorliegenden Prüfaufgabe und Aussage über die Eignung für die Lösung der Aufgabe
- den Nachweis, dass die Qualitätsforderungen tatsächlich erfüllt sind

Literatur: 144

Grundkalibrierung
Verfahrenskenngrößen für die pH-Messeinrichtung sind:
- Steilheit der Kennlinie
- Linearität der Kennlinie
- Nullpunkt der Kennlinie
- Unsicherheit der Kennlinie

Die Angaben für die Steilheit und Linearität der Kennlinie können der Literatur entnommen werden. Die Steilheit beträgt 99,7 % der Nernststeilheit.

Das Verfahren zur Bestimmung des Kettennullpunktes ist im Kapitel 3.3 „Kalibrieren" erläutert.

Die Berechnung der Unsicherheit ist im folgenden Abschnitt „Unsicherheit" beschrieben.

Robustheit
Die Robustheit des Verfahrens liefert die im Kapitel 3.1 „Eingangsprüfung" beschriebene Eignungsprüfung. Es geht hierbei um das Verhalten der Messeinrichtung in realen Proben.

Die Prüfung sollte an Kontrollproben durchgeführt werden, die den Proben des Auftraggebers entsprechen.

Wiederfindungsfunktion
Die Wiederfindungsfunktion soll mit realen Proben, die einen bekanntem pH-Wert haben, bestimmt werden. Eine Möglichkeit

hierfür ist die Durchführung eines Ringversuches. Probleme können hierbei die Stabilität der Kontrollproben und die Abdeckung des Arbeitsbereiches bereiten.

Die wahrscheinlich bessere Methode ist es, die Kalibrierung mit Referenzlösungen durchzuführen und den Einfluss der realen Proben durch den Eignungstest (Robustheit) zu erbringen.

Nachweis der Erfüllung

Den Nachweis, dass das Verfahren die Anforderungen an die Qualitätsanforderungen erfüllt, ist z. B. durch das Führen von Kontrollkarten und die Teilnahme an Ringversuchen erfüllt.

6.3
Unsicherheit

Sofern es um die Qualität eines Messergebnisses geht, heißt es häufig: „Wie genau ist der Messwert?"

Eine direkte Antwort wäre für Ergebnisse realer Proben mit sehr hoher Wahrscheinlichkeit unkorrekt. Denn die Genauigkeit sagt aus, wie weit ein gemessener Wert vom wahren Wert der Probe abweicht. Wer kennt jedoch den wahren Wert der Probe? Da der wahre Wert nicht bekannt ist, ist auch die Frage nach der Genauigkeit nicht unmittelbar zu beantworten.

Häufig soll die Angabe der Reproduzierbarkeit die Qualität des Ergebnisses beschreiben. Diese Angabe ist schon nützlicher, da die Reproduzierbarkeit auch für Messungen in realen Proben bestimmbar ist.

Die Reproduzierbarkeit sagt aus, wie weit die Messwerte um den Mittelwert einer Anzahl von Messungen streuen. Die Standardabweichung (σ Sigma) drückt diese Reproduzierbarkeit als eine statistische Größe aus. Eine Standardabweichung von $\sigma = 0{,}2$ sagt aus, dass 67 % der gemessenen Werte maximal 0,2 Einheiten vom Mittelwert der gemessenen Werte abweichen. Eine Auskunft über den wahren Wert gibt die Reproduzierbarkeit nicht. Der wahre Wert kann weit außerhalb des Bereiches für die Standardabweichung liegen.

Der Wert für die Standardabweichung lässt lediglich eine Aussage zu, ob die Streuung der Messwerte tolerierbar ist. Somit gibt auch die Reproduzierbarkeit nur eine unvollständige Aussage zur Qualität von Messwerten. Sie ist jedoch ein wesentlicher Bestandteil der Unsicherheit.

Der Begriff Unsicherheit ist in der DIN V ENV 13005 definiert. Die Unsicherheit ist ein Intervall, das alle relevanten Einflüsse und Toleranzen auf das Messergebnis umfasst, um eine Aussage

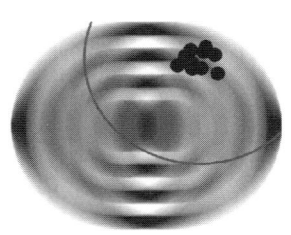

Der wahre Wert liegt mit einer festgelegten Wahrscheinlichkeit innerhalb des Intervalls für die Unsicherheit

über die mögliche Abweichung des wahren Wertes vom Messwert zu ermöglichen. Die Unsicherheit umfasst alle Einflüsse, die sich vernünftiger Weise dem Messwert zuordnen lassen und die einen Einfluss auf seine Streuung haben.

Auch mit Hilfe der Unsicherheit ist es nicht möglich zu sagen, wie weit der wahre Wert vom Messwert abweicht; die maximal mögliche Abweichung ist nun jedoch bekannt.

Beispiel
Bei einem Messwert von pH = 7,23 mit einer Messunsicherheit von $U(\text{pH}) = 0{,}1$ kann der wahre Wert zwischen pH = 7,13 und pH = 7,33 betragen. Das heißt, der Messwert kann exakt mit dem wahren Wert übereinstimmen, aber auch an einer der Grenzen des Unsicherheitsintervalls liegen.

Die häufig vorkommenden Ausdrücke „Messunsicherheit" und „Ergebnisunsicherheit" drücken lediglich deutlicher aus, dass es sich um die Unsicherheit einer Messung bzw. eines Ergebnisses handelt.

Literatur: 145, 146

Praktische Bedeutung
Messwerte ohne Angabe ihrer Unsicherheit sind wertlos. Erst mit der Unsicherheit erhält der Anwender alle notwendigen Informationen zur Beurteilung von:

Grenzwertüberschreitungen
Ein Grenzwert ist nicht unter- oder überschritten, wenn der Messwert den Grenzwert überschreitet. Der wahre Wert kann entsprechend der Unsicherheit des Messwertes noch innerhalb des zulässigen Bereiches liegen. Wie hoch die Wahrscheinlichkeit für diesen Fall ist, ergibt sich aus dem Unsicherheitsintervall.

Vergleich von Messwerten
Unterschiedliche Messergebnisse für eine Wasserprobe sind korrekt, sofern die Werte innerhalb der jeweiligen Unsicherheitsintervalle liegen. Vergleichswerte, die stärker voneinander abweichen als es nach dem Unsicherheitsintervall möglich ist, haben ihre Ursache in einer unkorrekten Analysenvorschrift oder nicht korrekt durchgeführten Analyse.

Vergleich und Optimierung von Messeinrichtungen
Anhand der Unsicherheit ist es einfach, verschiedene Messeinrichtungen miteinander zu vergleichen, selbst wenn unterschiedliche Messprinzipien vorliegen.

6.3.1
Standardunsicherheit

„Als Standardabweichung ausgedrückte Unsicherheit des Ergebnisses einer Messung" [DIN V ENV 13005].

Die Standardunsicherheit ist der Grundbaustein zur Berechnung der Unsicherheit. Die Unsicherheiten aller für das Messergebnis relevanten Unsicherheitsquellen müssen als Standardunsicherheit quantifiziert vorliegen. Die Standardunsicherheit kann eine Standardabweichung, eine systematische Abweichung oder auch ein Schätzwert sein.

Literatur: 145

6.3.2
Kombinierte Unsicherheit (auch kombinierte Standardunsicherheit)

„Standardunsicherheit eines Messergebnisses, wenn dieses Ergebnis aus den Werten einer Anzahl anderer Größen gewonnen wird. Sie ist gleich der positiven Quadratwurzel einer Summe von Gliedern, wobei die Glieder Varianzen oder Kovarianzen dieser anderen Größen sind, gewichtet danach, wie das Messergebnis mit Änderungen dieser Größen variiert." [DIN V ENV 13005]

Die Unsicherheit eines Messergebnisses resultiert in der Regel aus mehreren Unsicherheitsquellen. Der Ausdruck kombinierte Unsicherheit sagt aus, dass die vorliegende Unsicherheitsangabe die Werte mehrerer Standardunsicherheiten beinhaltet.

Literatur: 145

6.3.3
Erweiterte Unsicherheit

Wie die Reproduzierbarkeit so deckt auch die Standardunsicherheit nur einen Bereich von 67 % aller Werte ab. Das bedeutet, jeder dritte Wert kann außerhalb des beschriebenen Intervalls liegen. Die Multiplikation mit einem Erweiterungsfaktor liefert die erweiterte Unsicherheit. Bei einem Erweiterungsfaktor von 2 sind bereits 95 % der Werte abgedeckt. Eine 100%ige Sicherheit gibt es nicht.

„Kennwert, der einen Bereich um das Messergebnis kennzeichnet, von dem erwartet werden kann, dass er einen großen Anteil der Verteilung der Werte umfasst, die der Messgröße vernünftigerweise zugeordnet werden könnten." [DIN V ENV 13005]

Diese Unsicherheit ist das praktisch nutzbare Endergebnis der Unsicherheitsberechnung.

6.3.4
Ermitteln der Unsicherheit

Ein Problem der pH-Messung besteht darin, dass, wie beschrieben, Einzelionenaktivitäten nicht messbar sind. Aufgrund der gegenseitigen Beeinflussung aller in der Messlösung enthaltenen Ionen müssten für die Berechnung der Aktivität alle vorhandenen Ionen und deren gegenseitiger Einfluss in Abhängigkeit von den physikalischen Bedingungen der Messlösung (Temperatur) bekannt sein. Suspendierte oder emulgierte und organische Bestandteile erschweren diese Berechnungen im extremen Maße. Zusätzlich stellt sich gerade bei Emulsionen die Frage, ist nun der pH der wässrigen Phase oder der pH der organischen Phase gemeint.

All diese Faktoren machen eine Bestimmung der „Oxoniumionenaktivität" an praktischen Proben praktisch undurchführbar. Um die pH-Messtechnik praktikabel zu halten, ist der praktisch gemessene pH-Wert ein Wert, der sich aus dem Vergleich mit Referenzpufferlösungen ergibt.

Somit ist auch genau genommen der wahre Wert einer pH-Messung, nicht „der mit (−1) multiplizierte, dekadische Logarithmus der molalen Wasserstoffionenaktivität", sondern ein idealer Messwert der Lösung, der sich aus einem genau festgelegten Verfahren und der Rückführung auf primäre Referenzlösungen ergibt.

Die Entwürfe der Normen DIN 38404-5 und DIN 19268 enthalten eine ausführliche Mathematik zur Berechnung der Unsicherheit bei pH-Messungen. Das folgende Verfahren weicht von diesen Normen deutlich ab. Die Begründung ist:

Das folgende Verfahren berücksichtigt die Forderungen der Prüfmittelüberwachung.

Gemäß den Normen wird die Unsicherheit aus den Kenndaten der Kennlinie „Steilheit und Nullpunkt" berechnet. Es gehen im Wesentlichen die Unsicherheiten der Messung der Referenzlösungen in die Berechnung des pH-Messergebnisses ein.

Bei der Prüfmittelüberwachung soll die Unsicherheit bei der Kalibrierung nicht mehr als ein Zehntel, maximal ein Drittel der zulässigen Toleranz der Kalibrierwerte betragen. Die Unsicherheiten der Messungen in den Referenzlösungen sind daher vernachlässigbar, und es gehen die festgelegten Toleranzbereiche in die Berechnung des pH-Messergebnisses ein.

Die Berechnung gemäß der aufgeführten Normen DIN 38404-5 und DIN 19268 ist daher für eine Berechnung der Unsicherheit im Rahmen der Prüfmittelüberwachung nicht nutzbar.

Im Folgenden ist die Berechnung der Unsicherheit zur Prüfmittelüberwachung beschrieben.

Anwendungs- und Arbeitsbereiche festlegen

Sofern die Berechnung für einzelne pH-Messergebnisse erfolgt, ist die Kenntnis dieser Bereiche für die Berechnung der Unsicherheit nicht relevant.

Da es jedoch sinnvoller ist, die Unsicherheit für die Ergebnisse eines Verfahrens anzugeben, sollte festgelegt sein:

- für welche Anwendungen das Verfahren gültig ist, z. B. Abwasser, Textilien oder Käse
- in welchen Arbeitsbereichen die angegebene Unsicherheit gültig ist

Wichtig für die pH-Messung sind, u. a. die Arbeitsbereiche für:

- pH
- Leitfähigkeit
- Temperatur

6.3.5
Unsicherheitsbudget

Das Konzept der Unsicherheit setzt die Kenntnis aller relevanten Einflüsse auf die pH-Messung und deren Unsicherheit voraus.

Hierfür sollte zunächst die Berechnungsgleichung für den pH-Wert bekannt sein.

$$\mathrm{pH} = \frac{U_\mathrm{m} - U_0}{k'} - \mathrm{pH}_0$$

Aus dieser Gleichung ergeben sich die Größen, die mit Unsicherheiten behaftet sein können.

U_m: der gemessene Spannungswert
U_0: der Wert für die Offsetspannung
pH_0: der Wert für den Kettennullpunkt
k': der Wert für die Steilheit der Messkette

Zu diesen Größen kommt noch eine Anzahl von Einflüssen, die mathematisch nur schwierig in dieser Gleichung unterzubringen sind, z. B.:

- Temperaturverhalten
- Einstellverhalten der Messkette
- Anströmverhalten
- Überführungsspannung
- Druckverhalten

6.3 Unsicherheit

Jeder Arbeitsschritt des pH-Messverfahrens, jedes Element der Messeinrichtung, jeder physikalische und chemische Einfluss ist eine Komponente, die einen Einfluss auf die Unsicherheit des Messverfahrens und die Messwerte hat.

Jedes dieser Elemente beinhaltet eine Anzahl weiterer Unsicherheitsquellen. In der Regel hängen diese Einflüsse voneinander ab.

Eine erste Übersicht, mit welchen Einflüssen zu rechnen ist, verschafft ein Fischgrät- bzw. Ishikawa-Diagramm.

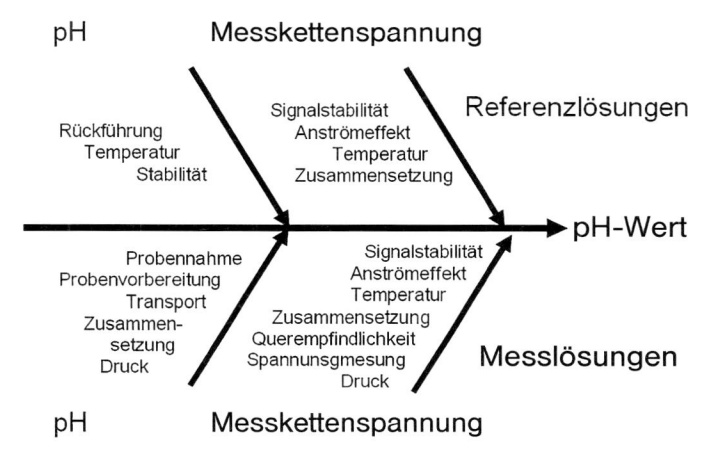

```
pH              Messkettenspannung
                                        Referenzlösungen
                    Signalstabilität
    Rückführung     Anströmeffekt
    Temperatur      Temperatur
    Stabilität      Zusammensetzung
                                                    → pH-Wert
    Probennahme     Signalstabilität
    Probenvorbereitung  Anströmeffekt
    Transport       Temperatur
    Zusammen-       Zusammensetzung
    setzung         Querempfindlichkeit
    Druck           Spannungsmesung
                    Druck           Messlösungen

pH              Messkettenspannung
```

Fischgrät-Diagramm für den pH-Wert

Aus dieser Übersicht ist es nun möglich, ein Unsicherheitsbudget aller Einflussgrößen mit ihrem Einfluss zu erstellen. Für den pH-Wert sieht dieses Diagramm wie folgt aus:

	Unsicherheitsbudget pH-Wert			
	Größe	Wert	u	u_{rel}
U_m	Messkettenspannung			
U_o	Offsetspannung			
pH_0	Kettennullpunkt			
k'	Steilheit			
pH_P	Probenahme			
pH_T	Transport			
pH_A	Aufbereitung			

u: Standardunsicherheit
u_{rel}: Relative Standardunsicherheit

In die Spalte „Wert" werden der Messwert oder die Werte der pH-Arbeitsbereichsgrenzen eingetragen.

Die Standardunsicherheit der Unsicherheitskomponenten kann verschiedenen Quellen entnommen werden.

- Am zuverlässigsten sind Daten der Validierung oder des Eignungstests.
- Auch Schätzungen eines erfahrenen Analytikers bringen in der Regel gute Resultate.
- Ein schneller Weg sind Literaturangaben wie Normen, Publikationen, Gebrauchsanweisungen oder Datenblätter.
- Mit der gebotenen Vorsicht sind auch Daten aus Ringversuchen verwendbar.

Je nach Quelle gibt es einige Punkte zu beachten.

Experimentelle Quantifizierung
Die Standardabweichung ist in diesem Fall das Ergebnis der statistischen Auswertung einer Anzahl praktisch gemessener pH-Werte. Meist reichen bereits 15 Werte, um eine zuverlässige Aussage über die Streuung machen zu können.

Quantifizierung auf Basis von Referenzmaterialien
Einige Unsicherheitsquellen lassen sich auch durch Messung in Referenzlösungen quantifizieren. Hierbei muss man auf jedem Fall feststellen, inwieweit das unterschiedliche Verhalten der pH-Messkette in den Referenzpufferlösungen und den realen Proben für das Ergebnis relevant ist.

Nutzen von Daten und Ergebnissen früherer Messungen
In einigen Fällen sind Informationen aus externen Quellen verfügbar oder stehen bereits aus früheren Messungen zur Verfügung, z. B. von:

- Lieferanten
- Normvorschriften
- Ringversuchen
- älteren Messreihen

Diese Werte sind nur verwendbar, wenn die Spezifikationen der jeweiligen Messeinrichtung die Bedingungen der Verfahrensanweisung abdecken.

6.3.6
Unsicherheitskomponenten quantifizieren

Das Quantifizieren der Unsicherheiten ist weder ein Routinevorgang noch eine mathematische Berechnung. Für alle relevanten Unsicherheitsquellen müssen zunächst die Standardunsicherheiten vorliegen. Dies kann durch Umwandlung anderer Maßzahlen erfolgen.

Das Umwandeln der unterschiedlichen Informationen erfolgt häufig über einen Faktor, der u. a. von der Art der Messwertverteilung abhängt.

Bei vielen Messprozessen kann man von der Normalverteilung der Messwerte ausgehen. Der Wert für eine Standardabweichung ist direkt als Standardunsicherheit verwendbar, eine Umwandlung ist nicht notwendig.

Steht ein Vertrauensbereich zur Verfügung, so ergibt sich die Standardunsicherheit durch Dividieren durch den der Sicherheit entsprechenden Faktor für das Konfidenzintervall.

Ist ein Toleranzbereich ohne Konfidenzintervall angegeben, so ist es üblich, eine rechteckige Verteilung mit einer Standardabweichung von

$$u = \frac{x}{\sqrt{3}}$$

anzunehmen.

Normalverteilung u = a/2

Rechteckverteilung u = a/1,73

Verteilungsformen von Messwerten

Messkettenspannung
Die kombinierte Unsicherheit des Wertes für die Messkettenspannung umfasst die folgenden Unsicherheitsquellen:

	Unsicherheitsbudget Messkettenspannung			
	Größe	Wert	u	u_{rel}
U_E	Einstellverhalten			
U_A	Anströmverhalten			
U_U	Überführungsspannung			

u: Standardunsicherheit
u_{rel}: Relative Standardunsicherheit

Hierbei ist zu beachten, dass die Standardunsicherheit von der Zusammensetzung, der Temperatur, der Leitfähigkeit und gegebenenfalls dem Druck beeinflusst wird.

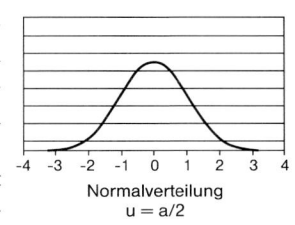

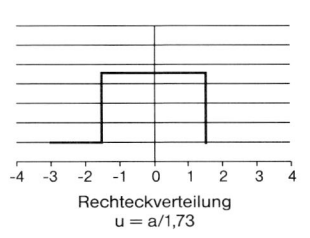

Für Proben unterschiedlicher Zusammensetzung wie Trinkwasser, Schwimmbeckenwasser oder Reinstwasser muss die Unsicherheit separat berechnet werden.

Beim Arbeiten in einem Temperaturbereich sollte die Standardunsicherheit an den Arbeitsbereichsgrenzen bestimmt und in das Budget der jeweils größere Wert eingetragen werden. Bei einem Leitfähigkeits-Arbeitsbereich reicht es in der Regel, die Standardunsicherheiten an der Arbeitsbereichsuntergrenze zu bestimmen.

Bei Druckunterschieden sollte eine Messkette gewählt werden, bei der diese Unsicherheitskomponente vernachlässigbar ist.

Einstellverhalten U_E

Die pH-Messkette benötigt je nach Zustand und Art der Messlösung bis zu mehrere Minuten bis das Messsignal stabil ist. Je stabiler der Spannungswert ist, desto geringer ist die Unsicherheit über die Abweichung des Messwertes zum stabilen Endwert der Messung.

Dieser Einfluss ist für die kontinuierliche Messung eine vernachlässigbare Größe, für Labor und Vor-Ort-Messungen stellt er eine relevante Unsicherheitskomponente dar.

In der Praxis ist es kaum möglich, die Abweichung vom Endwert anhand eines angezeigten Spannungswertes zu beurteilen. Lediglich aus dem dynamischen Verhalten – wie schnell ändert sich der Wert? – ist die Abweichung vom stabilen Endwert schätzbar.

Anströmverhalten U_A

Das Anströmen der Messkette wirkt sich direkt auf die Überführungsspannung und somit auf das Messkettensignal aus. Diese Unsicherheitskomponente wirkt sich besonders bei der kontinuierlichen pH-Messung aus.

Die Anströmung als solches ist nicht automatisch mit einer Unsicherheit verbunden. Dieser Einfluss ist einfach messbar. Sofern der Einfluss durch eine entsprechende Korrektur des Messergebnisses berücksichtigt ist, stellt er keine unsichere Größe mehr dar. Es bleibt dann nur noch die Unsicherheit aufgrund von Änderungen der Anströmung.

Bleibt der Einfluss der Anströmung unkorrigiert, so geht er als Unsicherheitskomponente in die kombinierte Unsicherheit mit ein. Der Anströmeffekt kann entsprechend Kapitel 3.1 „Eingangsprüfung" bestimmt werden.

Für die Angabe als Standardunsicherheit muss der Wert für das Anströmverhalten durch den Faktor 2 dividiert werden.

Überführungsspannung U_U

Die Zusammensetzung der Messlösung beeinflusst die Überführungsspannung an der Messkette. Wie groß und wie stabil der

Wert für die Überführungsspannung ist, hängt von der Art und dem Zustand der Referenzelektrode, der Zusammensetzung der Messlösung und den Messbedingungen ab.

Ein Verfahren zur Bestimmung der Überführungsspannung enthält das Kapitel 3.1 „Eingangsprüfung". Als Wert für die Standardunsicherheit eignet sich das durch den Faktor 2 dividierte Prüfergebnis.

Für die Kontrolle in der Praxis dürfte das Verfahren zu aufwendig sein. Hier ist es einfacher, die Toleranz für die Kalibrierung entsprechend stark einzugrenzen. Allerdings sollte die Korrelation zwischen der Überführungsspannung in der Referenzlösung und den realen Proben ausreichend gut bekannt sein.

Ein Kritikpunkt an dem Verfahren, die Überführungsspannung anhand von in Referenzlösungen gemessenen Werten zu kontrollieren, ist, dass der Wert auch von anderen Faktoren wie dem Elektrolytverlust beeinflusst wird.

Letztlich bietet sich hier eine Möglichkeit, diese kompliziert zu bestimmende Größe einfach zu überwachen. Ob die Toleranzüberschreitung wirklich aufgrund der Überführungsspannung erfolgte, können anschließende Messungen dann immer noch genau belegen.

Kettennullpunkt und Offsetspannung
Die Standardunsicherheit des Kettennullpunktes bzw. der Offsetspannung entspricht dem für die Kalibrierung festgelegten, durch einen Faktor 2 dividierten Toleranzbereich.

Steilheit k'
Die praktische Steilheit liegt, wie bereits beschrieben, ca. 0,3 % unter der Nernststeilheit. Die Standardunsicherheit kann gemäß den publizierten Untersuchungen mit etwa 0,1 % der Nernststeilheit angenommen werden.

Messstelle, Probenahme, Transport und Aufbereitung
Die Unsicherheit für diese Unsicherheitskomponenten ist individuell vom verwendeten Verfahren abhängig. Die Schätzung erfolgt am besten aus den Daten bei Extrembedingungen.

Beispiel
In einem Tank wird die Messkette an Messstelle A und an Messstelle B jeweils 20 cm ± 5 cm vom Rand und 10 cm ± 5 cm tief eingetaucht.

Zur Berechnung der Unsicherheit sind zum einen die Unterschiede innerhalb der 5-cm-Differenz, als auch die Unterschiede zwischen Messstelle A und B relevant.

Bei inhomogener Verteilung des zu untersuchenden Objektes, wie z. B. Seen, Deponien oder Schlachtkörper, stellt die Mess- bzw. Probenahmestelle eine Unsicherheitskomponente dar.

Ein Transport kann den pH der Probe ändern. Es bestehen Unsicherheiten in Bezug auf z. B.:

- Temperaturänderungen
- Austausch von Gasen mit der Umgebungsluft
- Druckänderungen
- chemische Reaktionen

Selbst bei einem einwandfreien Transportgefäß kann das Gefäßmaterial Substanzen mit der Probe austauschen oder für Substanzen aus der Umgebungsluft durchlässig sein. Dieser Einfluss ist besonders bei schwach gepufferten Lösungen eine beachtenswerte Unsicherheitskomponente.

Selbst während der Messung ändert bei zu kleinem Probevolumen ein Kontakt mit der Luft den pH der Messlösung. Ebenso kann sich der pH von chemisch instabilen Proben während des Messvorganges ändern, z. B. durch Ausgasen von Kohlendioxid bei der Messung in Trinkwasser.

Bei der Probenvorbereitung kann sowohl eine unvollständige Extraktion aber auch die Änderung der Probenmatrix erheblich zur Unsicherheit des Messwertes beitragen.

6.3.7
Unsicherheit der Kalibrierdaten

Die Unsicherheit der Kalibrierdaten geht zwar nicht direkt in die Berechnung des pH ein, sie muss jedoch für die Kalibrierung bekannt sein, denn sie soll nur maximal ein Drittel der Toleranz bzw. der Unsicherheit der Messwerte ausmachen.

	Unsicherheitsbudget Offsetspannung			
	Größe	Wert	u	u_{rel}
pH_{R0}	pH-Wert der Referenzlösung			
pH_{T0}	Temperaturabhängige Differenz des pH-Wertes			
U_{E0}	Einstellverhalten			
U_{A0}	Anströmverhalten			

u: Standardunsicherheit
u_{rel}: Relative Standardunsicherheit

Die Unsicherheitsangaben für die Messtemperatur bzw. für die Grenzen des Arbeitsbereiches werden bestimmt und jeweils der Wert mit der größeren Standardunsicherheit ins Budget eingetragen. Für den pH-Wert der Referenzlösungen muss zusätzlich die Differenz zwischen den beiden pH-Werten unter Berücksichtigung der Temperaturabhängigkeit des pH-Wertes der Lösung eingegeben werden.

pH-Wert der Referenzlösung

	Unsicherheitsbudget pH-Wert der Referenzlösung			
	Größe	Wert	u	u_{rel}
pH_{RR}	pH-Wert (Herstellerangabe)			
pH_{TR}	Temperaturverhalten			
pH_{JR}	Justierfunktion			
pH_{SR}	Stabilität			
pH_{ER}	Einstellverhalten			

u: Standardunsicherheit
u_{rel}: Relative Standardunsicherheit

pH-Wert (Herstellerangabe)

Der angegebene pH-Wert ist mit einer Unsicherheit behaftet. Sie ergibt sich aus den Messungen, die zu seiner Bestimmung des pH-Wertes notwendig waren und der Unsicherheit der Rückführungskette.

$$\text{Standardunsicherheit: } u(pH_{RR}) = \frac{U(pH_{RR})}{k}$$

$U(pH_{RR})$: Herstellerangabe für die erweiterte Unsicherheit
k: Herstellerangabe für den Erweiterungsfaktor. Fehlt diese Angabe, so gilt der Faktor 2.

Temperatur

Für den pH-Wert der Referenzlösungen ist das Temperaturverhalten des pH-Wertes der Lösung von Bedeutung. Die Unsicherheit resultiert aus der Unsicherheit der Temperaturmessung.

$$\text{Standardunsicherheit: } u(pH_{TR}) = \frac{\alpha \cdot \Delta pH_{SR}}{k}$$

ΔpH: Maximale Änderung des pH-Wertes während der Nutzung der Referenzlösung.

k: Herstellerangabe für den Erweiterungsfaktor.
Fehlt diese Angabe, so gilt der Faktor 2.

Justierfunktion

Bei manueller Justierung besteht die Unsicherheit lediglich in der Auflösung der Anzeige und ist vernachlässigbar. Bei einer automatischen Justierung kommt die Unsicherheit des gespeicherten pH-Wertes der Referenzlösung hinzu.

Die pH-Werte aller rückgeführten Referenzlösungen einschließlich der primären Referenzpufferlösungen werden für jeden Ansatz neu bestimmt.

Im pH-Meter sind normalerweise entweder die Beispielwerte der DIN 19643 oder die Werte eines zufällig ausgewählten Ansatzes gespeichert.

Die Differenz ist aus dem pH-Wert der Referenzlösung und dem im Gerät gespeicherten pH-Wert leicht berechenbar. Die Messergebnisse sind um diese Differenz zu korrigieren. In diesem Fall entfällt diese Unsicherheitskomponente.

Erfolgt diese Korrektur nicht, so geht diese Differenz als Standardunsicherheit in das Budget mit ein.

Stabilität der Referenzlösungen

Referenzlösungen sind nur begrenzt haltbar. Besonders nach dem Öffnen einer Vorratsflasche ändert sich die Zusammensetzung bei einigen Lösungen sehr schnell. Sofern die Lösung aus einem innerhalb der Haltbarkeitsangabe frisch geöffneten Behälter stammt, ist dieser Einfluss vernachlässigbar. Sofern die Lösung aus einer bereits vorher geöffneten Flasche stammt, kann auch die Stabilität der Referenzlösung eine wesentliche Unsicherheitskomponente für das Messergebnis darstellen. Dies trifft besonders auf basische Lösungen zu.

$$\text{Standardunsicherheit: } u(\text{pH}_{RR}) = \frac{U(\text{pH}_{RR})}{k}$$

$U(\text{pH}_{RR})$: Herstellerangabe für die erweiterte Unsicherheit
k: Herstellerangabe für den Erweiterungsfaktor.
Fehlt diese Angabe, so gilt der Faktor 2.

Einstellverhalten und Anströmverhalten

Diese Themen sind bereits im Kapitel 6.3.3 „Unsicherheitskomponenten quantifizieren" im Abschnitt „Messkettenspannung" beschrieben. Die Ermittlung erfolgt in diesem Fall in den Referenzlösungen.

Überführungsspannung

Die Größe der Restüberführungsspannungen variiert in den verschiedenen primären Referenzlösungen. Bei Einsatz einer Messkette mit einer Elektrolytlösung ergeben sich Werte von maximal ΔpH = 0,015. Da dieser Anteil verhältnismäßig gering und schwer zugänglich ist, sollte man ihn vernachlässigen.

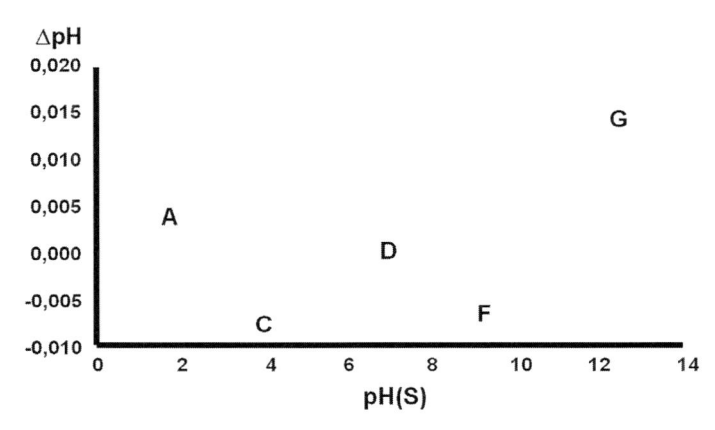

Restüberführungsspannungen der Referenzpufferlösungen nach DIN 19266 (33)

6.3.8 Berechnen der kombinierten Unsicherheit

Die Berechnung erfolgt nach folgendem Schema:
- die Varianzen der Unsicherheitskomponenten berechnen (Standardunsicherheiten quadrieren)
- die Varianzen addieren
- die Quadratwurzel für die Summe der Varianzen berechnen

Kombinierte Unsicherheit des pH-Wertes

Die Berechnungsgleichung für den pH-Wert lautet (siehe Kapitel 6.3.2 „Unsicherheitsbudget"):

$$\mathrm{pH} = \frac{U_m - U_0}{k'} - \mathrm{pH}_0$$

Aus Sicht der Unsicherheitsberechnung sieht diese Gleichung so aus:

$$\mathrm{pH} = \left\{ \frac{[U_m \pm u(U_m)] - [U_0 \pm u(U_0)]}{k' \pm u(k')} - \mathrm{pH}_0 \pm u(\mathrm{pH}_0) \right\} \\ \pm u(\mathrm{pH}_P) \pm u(\mathrm{pH}_T) \pm u(\mathrm{pH}_A)$$

Zur Berechnung der Varianzen müssen die Sensitivitätskoeffizienten, die partiellen Differentiale, berechnet werden.

Sensitivitätskoeffizient für:

$\dfrac{d\,pH}{dU_m}$ Messkettenspannung

$\dfrac{d\,pH}{dU_0}$ Offsetspannung

1 Kettennullpunkt

$\dfrac{d\,pH}{dK'_m}$ Steilheit

1 Probenahme

1 Transport

Die kombinierte Unsicherheit ergibt sich gemäß folgender Gleichung:

$$u_c(pH) = \sqrt{\left(\dfrac{d\,pH}{dU_m}\right)^2 \cdot u(U_m)^2 + \left(\dfrac{d\,pH}{dU_0}\right)^2 \cdot u(E_0)^2 + \left(\dfrac{d\,pH}{dK'_m}\right)^2 \cdots}$$

$$\sqrt{\cdots \cdot u(K'_m)^2 + u(pH_0)^2 + u(pH_P)^2 + u(pH_T)^2 + u(pH_A)^2}$$

Nun fehlt noch die Berechnung der Unsicherheit für die Messkettenspannung. Diese ergibt sich relativ einfach, nach folgender Gleichung:

$$u_c(U_m) = \sqrt{u(U_E)^2 + u(U_A)^2 + u(pH_U)^2}$$

$u(U_E)$: Standardunsicherheit für das Einstellverhalten
$u(U_A)$: Standardunsicherheit für das Anströmverhalten
$u(U_U)$: Standardunsicherheit für das Verhalten der Überführungsspannung

Kombinierte Unsicherheit der Kalibrierdaten

$$u_c = \sqrt{u(U_{RR})^2 + u(U_{TR})^2 + u(pH_{JR})^2 + u(pH_{SR})^2 + u(pH_{ER})^2}$$

$u(pH_{RR})$: Standardunsicherheit für den pH-Wert der Referenzlösung (Herstellerangabe)
$u(pH_{TR})$: Standardunsicherheit für den Temperaturwert
$u(pH_{JR})$: Standardunsicherheit für die Justierfunktion
$u(pH_{SR})$: Standardunsicherheit für die Stabilität der Referenzlösung
$u(pH_{ER})$: Standardunsicherheit für das Einstellverhalten

Kombinierte Unsicherheiten der Kenndaten einer Kennlinie
Bei der Validierung ist es erforderlich, die Unsicherheit der Kennlinie zu ermitteln. Hier ist die mathematische Berechnung mittels Mehrpunktkalibrierung gemäß DIN 19268 bzw. DIN 38404-5 das geeignete Verfahren.

6.3.9
Festlegen des Erweiterungsfaktors und Berechnung der erweiterten Unsicherheit

Die letzte Stufe der Berechnung ist die Multiplikation der kombinierten Standardunsicherheiten mit einem Erweiterungsfaktor. Der Erweiterungsfaktor k legt die statistische Wahrscheinlichkeit fest, innerhalb der sich der wahre Wert im Intervall der erweiterten Unsicherheit befindet. Bei dem üblicherweise verwendeten Erweiterungsfaktor $k = 2$ beträgt die Wahrscheinlichkeit (Konfidenzniveau) 95 %. Ein Erweiterungsfaktor $k = 3$ erhöht die Wahrscheinlichkeit auf 99,7 %.

6.3.10
Berücksichtigung der Unsicherheit in der Arbeitsanweisung

Die Arbeitsanweisung des Messverfahrens sollte alle Angaben enthalten, die erforderlich sind, um Messergebnisse mit einer bestimmten erweiterten Unsicherheit zu erzielen.

Für ein Verfahren zur Messung des pH sollte die Anweisung folgende Angaben enthalten.

Anwendungsbereich
Angabe des Anwendungsbereiches für welches die Verfahrensanweisung validiert ist, z. B. „Messung des pH von Molkereiabwässern".

Vorgabe für die Unsicherheit
Der Wert für die Unsicherheit kann z. B. durch
- die Aufgabe
- einen Auftraggeber oder
- rechtliche Vorgaben

festgelegt sein.

Arbeitsbereich
Angabe der Arbeitsbereiche für welche die Verfahrensanweisung validiert ist, z. B.:
- pH-Arbeitsbereich: 4 bis 9
- Temperaturarbeitsbereich: 10 °C bis 70 °C
- Leitfähigkeitsarbeitsbereich (20 °C): 300 bis 5000 µS/cm

Relevante Einflussgrößen
Für alle relevanten Einflussgrößen sollten Toleranzen festgelegt sein, z. B.:

pH-Meter
- Spannungsmessung: $\Delta U \pm 0{,}1$ mV
- Temperaturmessung: $\Delta \vartheta \pm 0{,}2$ K

pH-Messkette
- Offsetspannung: $U = 10 \pm 5$ mV
- Anströmeffekt: $\Delta U \pm 2$ mV

Prüfen der Spezifikationen
Die spezifizierten Toleranzen haben nur einen Sinn, wenn Verfahren beschrieben sind, die eine Kontrolle der Spezifikationen ermöglicht.

Wichtig sind auch Angaben zum Zeitintervall, z. B.: „Das Anströmverhalten für jede Probe prüfen".

Mathematische Gleichungen
Für die Berechnung des pH-Wertes oder der Stabilitätskontrolle, arbeitet das pH-Meter mit mathematischen Gleichungen. Diese Gleichungen können sich bei den Geräten deutlich unterscheiden.

Zur Berechnung der Unsicherheit und zur Nachverfolgbarkeit der Messergebnisse ist die Dokumentation dieser Gleichungen zu empfehlen. Häufig ist hierfür eine konkrete Nachfrage beim Hersteller des pH-Meters erforderlich.

6.4 Prüfbericht

Sofern die Ergebnisse zur externen Verwendung bestimmt sind, ist ein Prüfbericht und/oder ein Kalibrierschein empfehlenswert, der dem folgenden Muster entspricht:

Zeichen des Laboratoriums

Laboratorium für
Calibration laboratory for

Akkreditiert durch
accredited by the

Zeichen | Prüfnummer
Calibration mark | Registriernummer
| Datum

Prüfbericht
test report

Gegenstand
Object

Hersteller
Manufacturer

Typ
Type

Fabrikat/Serien-Nummer
Serial number

Auftraggeber
Customer

Auftragsnummer
Order No.

Anzahl der Seiten
Number of pages

Datum der Prüfung
Date of test

Anmerkung
Dieser Prüfbericht darf nur vollständig und unverändert weiterverbreitet werden. Auszüge oder Änderungen bedürfen der Genehmigung sowohl der Akkreditierungsstelle des DKD als auch des ausstellenden Kalibrierlaboratoriums. Kalibrierscheine ohne Unterschrift und Stempel haben keine Gültigkeit.
This test report may not be reproduced other than in full except with the permission of both the Accreditation Body of the DKD and the issuing laboratory. Calibration certificates without signature and seal are not valid.

| **Stempel** | **Datum** | **Leiter des Laboratoriums** | **Bearbeiter** |
| Seal | Date | Head of the laboratory | Person in charge |

Muster eines Prüfberichtes

Angaben zur Prüfung

Prüfgegenstand:

((Eingangsdatum des Gegenstandes)):

Prüfverfahren:

((Ort der Kalibrierung)):

Messbedingungen:

Umgebungsbedingungen:

Messergebnisse:

Messunsicherheit:

Anmerkung
Angegeben ist die erweiterte Messunsicherheit, die sich aus der Standard-unsicherheit durch Multiplikation mit dem Erweiterungsfaktor $k = 2$ ergibt. Sie wurde gemäß DIN 13005 ermittelt. Der Wert der Messgröße liegt mit einer Wahrscheinlichkeit von 95 % im zugeordneten Werteintervall.

Messtechnische Rückführung:

Hinweise
Konformität:

Meinungen und Interpretationen:

Abweichungen, Zusätze oder Ausnahmen von dem Prüfverfahren:

Angaben über spezielle Prüfbedingungen:

Angaben zur Probenahme
Datum der Probenahme:

Bezeichnung der Substanz:

Probenahmeort:

Probenahmeplan und das Probenahmeverfahren:

Umgebungsbedingungen:

Normen und Spezifikationen:

Muster eines Prüfberichtes (Fortsetzung)

Teil 3:
Anhänge

7 Tabellen und Übersichten

7.1 pH-Werte

Backwaren	pH-Wert
Kekse	6,5 – 8,5
Weißbrot	5,0 – 6,0

Basen	pH-Wert
Ammoniumhydroxid	
• 1,0 mol/l	11,6 $^{20\,°C}$
• 0,1 mol/l	11,1 $^{20\,°C}$
• 0,01 mol/l	10,6 $^{20\,°C}$
Calciumhydroxid	
• gesättigt	12,4 $^{20\,°C}$
Eisenhydroxid	
• gesättigt	9,5 $^{20\,°C}$
Kaliumhydroxid	
• 1,0 mol/l	14,0 $^{20\,°C}$
• 0,1 mol/l	13,0 $^{20\,°C}$
• 0,01 mol/l	12,0 $^{20\,°C}$
Magnesiumhydroxid	
• gesättigt	10,5 $^{20\,°C}$
Natriumhydroxid	
• 1,0 mol/l	14,0 $^{20\,°C}$
• 0,1 mol/l	13,0 $^{25\,°C}$
• 0,1 mol/l	12,8 $^{20\,°C}$
• 0,01 mol/l	12,0 $^{20\,°C}$

pH-Messung: Der Leitfaden für Praktiker. Ralf Degner
Copyright © 2009 WILEY-VCH Verlag GmbH & Co. KGaA, Weinheim
ISBN: 978-3-527-32359-3

Boden	pH-Wert
Anzuchterde	5,3
Betriebserde	6,3
Blockerde	7,0
Lehm	
• sandig	6,1
• schwach tonig	5,8
• tonig	4,1
Moor	7,3
Orchideensubstrat	6,2
Sand	7,0
• stark lehmig	6,9
• Schluff, lehmig	7,1
Topferde	4,5
Topfsubstrat	5,0

Fisch	pH-Wert
Lachs	6,1 – 6,3
Thunfisch	5,9 – 6,1

Fotographische	pH-Wert
Bleichfixierbad	6,6 – 6,8
Ciba-Bleichbad	1,2 – 1,4

Getränke	pH-Wert
Bier	3,9 – 4,1
Cola-Getränk	2,8
Fruchtsäfte	5,0 – 5,4
Kaffee	6,0
Rum	3,8 – 4,8
Wein	2,9 – 3,3
Whisky	4,5 – 6

Gemüse	pH-Wert
Bohnen	5,0 – 6,0
Erbsen	5,8 – 6,4
Karotten	4,9 – 5,3
Kartoffeln • süß	5,6 – 6,0 5,3 – 5,6
Kohl	5,2 – 5,4
Kürbis	4,8 – 5,2
Rhabarber	3,1 – 3,2
Rote Bete	6,3
Rüben	5,2 – 5,6
Sauerkraut	3,4 – 3,6
Spargel	5,4 – 5,8
Spinat	5,6 – 6,1
Tomaten	4,0 – 4,4
Zuckerrüben	4,9 – 5,5

Haushaltsreiniger	pH-Wert
Geschirrspülmittel	6,8
Sanitärreiniger • sauer • basisch	 0,7 13,8

Körperpflegemittel	pH-Wert
Geleehaarfestiger	5,3
Haarpackung	3,5 – 4,0
Hautcreme	5,3
Seife	10,0 – 11,3

Meeresfrüchte	pH-Wert
Austern	6,1 – 6,6
Shrimps	6,8 – 7,0

Mehl	pH-Wert
Weizenmehl	5,5 – 6,5

Milch und Milchprodukte	pH-Wert
Butter	6,1 – 6,4
Käse • Emmentaler	4,8 – 6,4 5,7
Mayonnaise	3.7
Milch • frische • saure	6,3 – 6,6 6,5 – 6,8 4,4

Obst	pH-Wert
Ananas	3,7 – 4,2
Apfel	2,9 – 3,5
Aprikose	3,6 – 4,0
Banane	4,5 – 4,7
Birne	3,6 – 4,0
Brombeere	2,9 – 3,6
Dattel	6,2 – 6,4
Eberesche	3,2
Erdbeere	3,0 – 3,5
Hagebutte	3,9
Himbeere	3,2 – 3,6
Holunderbeere	4,0
Johannisbeere • weiß • rot • schwarz	 3,0 3,0 2,9

Obst	pH-Wert
Kirsche	3,2 – 4,0
• süß	3,7
• sauer	3,3
Kiwi	3,5
Loganbeere	2,9 – 3,0
Mahonie	2,8
Mango	4,4
Maracuja	4,4
Melone	
• Honig	5,8
• Netz	6,5
• Wasser	5,0
Mirabelle	4,0
Olive	3,6 – 3,8
Orange	3,0 – 4,0
• Apfelsine	3,1
• Satsuma	3,6
Pampelmuse	3,0 – 3,3
Pfirsich	3,4 – 3,6
• gelb	4,1
• weiß	3,6
Pflaume	2,8 – 3,0
• Damaszener	3,0 – 3,3
• Victoria	2,9 – 3,2
Reneclaude	3,1 – 3,4
Sanddorn	2,6
Schlehe	3,1
Stachelbeere	3,2 – 4,0
Weinbeere	3,5 – 4,5
Weißdorn	3,8
Zitronensaft	2,6
Zwetschgen	4,0

Obstprodukte	pH-Wert
Dosen-Bohnen	5,0
Dosen-Pfirsich	3,9
Dosen-Tomaten	4,0
Ketchup	3,6

Salzlösungen	pH-Wert
Calciumcarbonat • gesättigt	$12,4^{20\,°C}$
Kaliumcyanid • 0,1 mol/l	$11,0^{20\,°C}$
Kaliumaluminiumsulfat • 0,1 n	$3,2^{20\,°C}$
Natriumhydrogenkarbonat • 0,1 mol/l	$8,4^{20\,°C}$
Natriumkarbonat • 0,05 mol/l	$9,4^{20\,°C}$
Natriummetasilikat • 0,1 n	$12,6^{20\,°C}$
Natriumphosphat • 0,033 mol/l	$12,0^{20\,°C}$
Natriumtetraborat • 0,1 n	$9,2^{20\,°C}$

Säuren	pH-Wert
Ameisensäure • 0,033 mol/l • 0,1 mol/l	$2,2^{20\,°C}$ $2,3^{20\,°C}$
Arsenige Säure • gesättigt	$5,0^{20\,°C}$
Benzoesäure • 0,1 mol/l	$3,1^{20\,°C}$
Borsäure • 0,033 mol/l	$5,2^{20\,°C}$
Cyanwasserstoffsäure • 0,1 mol/l	$5,1^{20\,°C}$

Säuren	pH-Wert
Essigsäure	
• 17,4 mol/l	$0,6^{25\,°C}$
• 8,7 mol/l	$1,4^{25\,°C}$
• 3,5 mol/l	$2,0^{25\,°C}$
• 1,7 mol/l	$2,2^{25\,°C}$
• 1,0 mol/l	$2,4^{20\,°C}$
• 0,2 mol/l	$2,7^{25\,°C}$
• 0,1 mol/l	$2,9^{20\,°C}$
• 0,02 mol/l	$3,1^{25\,°C}$
• 0,01 mol/l	$3,4^{25\,°C}$
Kohlensäure	
• gesättigt	$3,8^{20\,°C}$
Maleinsäure	
• 0,05 mol/l	$2,2^{20\,°C}$
Milchsäure	
• 0,1 mol/l	$2,4^{20\,°C}$
Oxalsäure	
• 0,05 mol/l	$1,6^{20\,°C}$
o-Phosphorsäure	
• 0,033 mol/l	$1,5^{20\,°C}$
Salzsäure	
• 1,0 mol/l	$0,1^{20\,°C}$
• 0,1 mol/l	$1,1^{20\,°C}$
• 0,01 mol/l	$2,0^{20\,°C}$
Schwefelige Säure	
• 0,1 mol/l	$1,5^{20\,°C}$
Schwefelsäure	
• 0,5 mol/l	$0,3^{20\,°C}$
• 0,05 mol/l	$1,2^{20\,°C}$
• 0,005 mol/l	$2,1^{20\,°C}$
Schwefelwasserstoffsäure	
• 0,05 mol/l	$4,1^{20\,°C}$
Weinsäure	
• 0,05 mol/l	$2,2^{20\,°C}$
Zitronensäure	
• 0,05 mol/l	$2,2^{20\,°C}$

Wasser	pH-Wert
Schwimmbeckenwasser	6,5 – 7,6
Oberflächenwasser	6 – 9
Trinkwasser	6,5 – 9,5

Wurst	pH-Wert
Blutwurst	6,5 – 6,8
Fleischwurst	5,7
Kalbsleberwurst	5,9
Salami	5,1

Literatur: 2, 10, 11, 16, 32 – 39

7.2
Qualität verschiedener Fleischsorten in Abhängigkeit vom pH-Wert

Fleisch/Qualität	pH_1	pH_{ULT}
Haarwild (ohne Hase und Wildkaninchen)		
• Qualität gut	> 5,8	< 6,4
• Qualität schlecht	< 5,8	≥ 6,4
Hase		
• Qualität gut	< 6,4	
• Qualität schlecht		≥ 6,4
Rind		
• Qualität gut	> 6,0	< 6,4
• Qualität schlecht	≤ 6,0	≥ 6,2
Schaf		
• Qualität gut	< 6,2	
• Qualität schlecht		≥ 6,2
Schwein		
• Qualität gut	≤ 5,8	< 6,2
• Qualität fraglich	5,6	–5,8
• Qualität schlecht	≤ 5,6	> 6,2
Wildkaninchen		
• Qualität gut	< 6,2	
• Qualität schlecht		≥ 6,2

pH_1: 45 Minuten nach der Schlachtung
Haarwild pH_{ULT}: 12–96 Stunden nach der Schlachtung
Rind pH_{ULT}: 48 Stunden nach der Schlachtung
Schwein und Schaf pH_{ULT}: 24 Stunden nach der Schlachtung

Literatur: 40

7.3
pH-Werte der Standardpufferlösungen

Lösung	pH-Wert $\vartheta = 20\,°C$	pH-Wert $\vartheta = 25\,°C$	Haltbar
A	1,675	1,679	2 Monate
B		3,577	Frisch ansetzen
C	4,001	4,008	Frisch ansetzen
D	6,881	6,865	2 Monate
E	7,429	7,413	2 Monate
F	9,225	9,180	Wenige Tage
G	12,627	12,454	bis zum Auftreten von Trübungen
H	3,788	3,776	Frisch ansetzen
I	10,062	10,012	Frisch ansetzen

Literatur: 51

7.4
Reproduzierbarkeit der Messergebnisse in Abhängigkeit von der Temperatur

Temperaturdifferenz	Standardabweichung
$\Delta\vartheta < 0{,}1\,K$	$\sigma \pm 0{,}01$
$\Delta\vartheta < 0{,}2\,K$	$\sigma \pm 0{,}02$
$\Delta\vartheta < 0{,}5\,K$	$\sigma \pm 0{,}05$

7.5 Nernststeilheit in Abhängigkeit von der Temperatur

Temperatur	Nernst-Steilheit	99,7 % Nernst-Steilheit
0 °C	−54,20 mV	−54,04 mV
5 °C	−55,19 mV	−55,02 mV
10 °C	−56,18 mV	−56,01 mV
15 °C	−57,17 mV	−57,00 mV
20 °C	−58,16 mV	−57,99 mV
25 °C	−59,16 mV	−58,98 mV
30 °C	−60,15 mV	−59,97 mV
35 °C	−61,14 mV	−60,96 mV
40 °C	−62,13 mV	−61,94 mV
45 °C	−63,12 mV	−62,93 mV
50 °C	−64,12 mV	−63,93 mV
55 °C	−65,11 mV	−64,91 mV
60 °C	−66,10 mV	−65,90 mV
65 °C	−67,09 mV	−66,89 mV
70 °C	−68,08 mV	−67,88 mV
75 °C	−69,08 mV	−68,87 mV
80 °C	−70,07 mV	−69,86 mV
85 °C	−71,06 mV	−70,85 mV
90 °C	−72,05 mV	−71,83 mV
95 °C	−73,04 mV	−72,82 mV
100 °C	−74,04 mV	−73,82 mV

7.6
pH und Leitfähigkeit verdünnter Salzsäure

Konzentration	pH	Leitfähigkeit ϑ_{Ref} = 25 °C
$1 \cdot 10^{-4}$ mol/l	4,00	43 µS/cm
$2 \cdot 10^{-4}$ mol/l	3,70	85 µS/cm
$3 \cdot 10^{-4}$ mol/l	3,52	127 µS/cm
$4 \cdot 10^{-4}$ mol/l	3,40	170 µS/cm
$5 \cdot 10^{-4}$ mol/l	3,30	212 µS/cm
$7 \cdot 10^{-4}$ mol/l	3,15	296 µS/cm
$9 \cdot 10^{-4}$ mol/l	3,05	380 µS/cm
$1 \cdot 10^{-3}$ mol/l	3,00	422 µS/cm
$2 \cdot 10^{-3}$ mol/l	2,70	840 µS/cm
$3 \cdot 10^{-3}$ mol/l	2,52	1260 µS/cm

7.7
pH und Leitfähigkeit verdünnter Natriumhydroxidlösungen

Konzentration	pH	Leitfähigkeit ϑ_{Ref} = 25 °C
$2,53 \cdot 10^{-4}$ mol/l	10,40	62 µS/cm
$3,00 \cdot 10^{-4}$ mol/l	10,48	74 µS/cm
$5,79 \cdot 10^{-4}$ mol/l	10,76	142 µS/cm
$7,53 \cdot 10^{-4}$ mol/l	10,88	184 µS/cm
$8,09 \cdot 10^{-4}$ mol/l	10,91	198 µS/cm
$1,00 \cdot 10^{-3}$ mol/l	11,00	245 µS/cm
$1,80 \cdot 10^{-3}$ mol/l	11,25	437 µS/cm
$2,74 \cdot 10^{-3}$ mol/l	11,44	665 µS/cm
$3,29 \cdot 10^{-3}$ mol/l	11,52	797 µS/cm
$3,87 \cdot 10^{-3}$ mol/l	11,59	936 µS/cm
$5,89 \cdot 10^{-3}$ mol/l	11,77	1410 µS/cm

7.8 Membrangläser

Glas	Zusammensetzung			
MacInnes-Glas	22 % Na_2O	6 % CaO	72 % SiO_2	
Lithium-Glas	25 % Li_2O	7 % CaO	68 % SiO_2	
Bariumoxid-Glas	25 % Li_2O	8 % BaO	70 % SiO_2	
Lanthanoxid-Glas	28 % Li_2O	5 % BaO	63 % SiO_2	2 % La_2O_3

7.9 Ausflussgeschwindigkeit verschiedener Diaphragmen

Diaphragma	Ausflussgeschwindigkeit
Faser	1 ml/Tag
Glasfritte	0,2 ml/Tag
Keramik	0,05 ml/Tag
Platin	0,2 ml/Tag
Schliff	2 ml/Tag

7.10
Phasengrenzspannungen

Lösungsmittel	Spannung
Acetonitril	93 mV
Dimethylformamid	172 mV
Dimethylsulfoxid	174 mV
Ethanol	30 mV
Formamid	78 mV
Hexamethylenphosphoramid	152 mV
Methanol	25 mV
Nitromethan	59 mV
Propylencarbonat	135 mV

Literatur: 15

7.11
Ionenbeweglichkeiten

Ion	Ionenbeweglichkeit
Acetat	$0{,}000424 \text{ cm}^2 \text{ s}^{-1} \text{ V}^{-1}$ (25 °C)
Ammonium	$0{,}000762 \text{ cm}^2 \text{ s}^{-1} \text{ V}^{-1}$ (25 °C)
Chlorid	$0{,}000791 \text{ cm}^2 \text{ s}^{-1} \text{ V}^{-1}$ (25 °C)
Fluorid	$0{,}000574 \text{ cm}^2 \text{ s}^{-1} \text{ V}^{-1}$ (25 °C)
Hydronium	$0{,}003625 \text{ cm}^2 \text{ s}^{-1} \text{ V}^{-1}$ (25 °C)
Hydroxid	$0{,}002064 \text{ cm}^2 \text{ s}^{-1} \text{ V}^{-1}$ (25 °C)
Kalium	$0{,}000762 \text{ cm}^2 \text{ s}^{-1} \text{ V}^{-1}$ (25 °C)
Lithium	$0{,}000401 \text{ cm}^2 \text{ s}^{-1} \text{ V}^{-1}$ (25 °C)
Natrium	$0{,}000519 \text{ cm}^2 \text{ s}^{-1} \text{ V}^{-1}$ (25 °C)
Nitrat	$0{,}000741 \text{ cm}^2 \text{ s}^{-1} \text{ V}^{-1}$ (25 °C)

Literatur: 9

7.12
Standardspannungen von Silber/Silberchlorid-Referenzelementen

Temperatur [°C]	Spannung U [mV] in Kaliumchloridlösung			
	$c = 1$ mol/l	$c = 3$ mol/l	$c = 3,5$ mol/l	gesättigt
0	249,3	224,2	222,1	220,5
5	246,9	220,9	218,7	216,1
10	244,4	217,4	215,2	211,5
15	241,8	214,0	211,5	206,8
20	239,6	210,5	207,6	201,5
25	236,3	207,0	203,7	201,9
30	233,4	203,4	199,6	191,9
35	230,4	199,8	195,4	186,7
40	227,3	196,1	191,2	181,4
45	224,1	192,3	186,8	176,1
50	220,8	188,4	182,4	170,7
55	217,4	184,4	178,0	165,3
60	213,9	180,3	173,5	154,3
70	206,9	172,1	164,5	148,8
75	203,4	167,7	160,0	143,3
80	199,9	163,1	155,6	137,8
85	196,3	158,3	151,1	132,3
90	192,7	153,3	146,8	126,9
95	189,1	148,1	142,5	121,5

7.13
Anbieter pH-Messeinrichtungen

ALLDOS
Schönmattstraße 4
CH-4153 Reinach
Telefon: +41 (6171) 755-55
Telefax: +41 (6171) 755-00
E-Mail: alldos@magnet.ch

ASI
ANALYTICAL SENSORS INC
12800 Park One Drive
Sugar Land, TX 77478
USA
Telefon: 281.565.8818
Telefax: 281.565.8811
http://www.asi-sensors.com

ASTI
Advanced Sensor Technologies
603 North Poplar Street
Orange, CA 92868-1011
USA
Inside Sales
E-Mail: sales@astisensor.com
http://www.astisensor.com

BAYROL Deutschland GmbH
Lochhamer Straße 29
D-82152 Planegg
Telefon: (089) 8 57 01-0
Telefax: (089) 85 701-241
E-Mail: bayrol@bayrol.de
http://www.bayrol.de

Beckman Coulter, Inc.
4300 N. Harbor Boulevard,
P. O. Box 3100
Fullerton, CA 92834-3100
USA
Telefax: (714) 871-4848
Telefax: (714) 773-8283
http://www.beckman.com

Bürkert GmbH & Co. KG
Christian-Bürkert-Straße 13–17
D-74653 Ingelfingen
Telefax: (07940) 10-0
Telefax: (07940) 10-361
E-Mail: info@de.buerkert.com

Corning GmbH
NOVA SYSTEM Group
Abraham-Lincoln-Straße 30
D-65189 Wiesbaden
Germany
Telefon: (0611) 7366-300
Telefax: (0611) 7366-333

Dinotec GmbH
Spessartstraße 7
D-63477 Maintal
Telefon: (06109) 601160
Telefax: (06109) 601190
E-Mail: mail@dinotec.de
http://www.dinotec.de

Dr. Bruno Lange
GmbH & Co. KG
Danaher Group
Willstätterstraße 11
D-40549 Düsseldorf
Telefon: (0211) 52 88-0
Telefax: (0211) 52 88-143
E-Mail: Kundenservice@
drlange.de

7.13 Anbieter pH-Messeinrichtungen

**ECD
ELECTRO-CHEMICAL
DEVICES, INC.**
23665 Via Del Rio
Yorba Linda, CA 92887
USA
Toll Free: (800) 729-1333
Telefon: (714) 692-1333
Telefax: (714) 692-1222
E-Mail: service@ecdi.com
2 von 2 10.02.2002 04:01
pH file:///D|/Info-System/
Firmen/Firmen/Ecdi/ph.html

Endress + Hauser Meßtechnik GmbH & Co.
Colmarer Straße 6
D-79576 Weil am Rhein
Telefon: (07621) 9 75 01
Telefax: (07621) 9 75 55 5
E-Mail: info@de.endress.com
http://www.endress.nl

EUTECH
P. O. Box 254
NL-3860 AG Nijkerk
Telefon: +31 (0) 33-2456427
Telefax: +31 (0) 33-2460832
E-Mail: info@eutech.nl

FOXBORO ECKARDT GmbH
Pragstraße 82
D-70376 Stuttgart
Telefon: (0711) 502-0
Telefax: (0711) 502-597
E-Mail: salessupport@
foxboro-eckardt.de
http://www.invensys.com

GIMAT Umweltmesstechnik
Obermühlstraße 70
D-82398 Polling
Telefax: (0881) 6280

HACH AG
Danaher Group
Bahnhofstraße 57
D-64401 Groß-Bieberau
Telefon: (0180) 543 22 20*
Telefax: (0180) 543 22 21*
E-Mail: service@hach.de
http://www.hach.de

HAMILTON
Hamilton Bonaduz AG
P. O. Box 26
CH-7402 Bonaduz
Telefon: +41 (81) 370101
Telefax: +41 (81) 372563
E-Mail: marketinghamilton.ch
http://www.hamiltoncompany.com

Hanna Instruments Deutschland
Lazarus-Mannheimer-Straße 2–6
D-77694 Kehl am Rhein
Telefon: (7851) 9129-0
Telefax: (7851) 9129-99
E-Mail: hannager@aol.com
http://www.hannainst.com

Honeywell
101 Columbia Road
Morristown, NJ 07962
USA
Telefon: (973) 455-2000
Telefax: (973) 455-4807
E-Mail: msscuspctr@honeywell.com
http://www.honeywell.com

HORIBA EUROPE GmbH
Hauptstraße 108
D-65843 Sulzbach
E-Mail: info@horiba.de
http://www.horiba.de

Hydrolab Corporation
8700 Cameron Road, Suite 100
Austin, TX 78754
USA
Telefon: World-Wide
  512 832-8832
Telefax: Sales 512 832-8839
E-Mail: internationalsales@
  hyrdrolab.com
  techsupport@
  hydrolab.com

IQ – Scientific Instruments
11021 Via Frontera, Suite 200
San Diego, CA 92127
USA
Telefon: (858)673-1851
Telefax: (858)673-1853
E-Mail: info@phmeters.com
http://www.phmeters.com

Jenway Ltd.
Gransmore Green Felsted
Dunmow, Essex CM6 3LB
Telefon: 01371 820122
Telefax: 01371 821083
E-Mail: sales@jenway.com
http://www.jenway.com

M. K. Juchheim GmbH & Co. (JUMO)
Leitung Analysenmesstechnik
Moltkestraße 13–31
D-36039 Fulda/Germany
Telefon: (0661) 6003-402
Telefax: (0661) 6003-605
http://www.jumo.de

KNICK
Elektronische Messgeräte
GmbH & Co.
Postfach 37 04 15
D-14134 Berlin
Telefon: (030) 801 91-0
Telefax: (030) 891 91-200
E-Mail: knick@knick.de

Lutz JESCO DOSIERTECHNIK GmbH & Co. KG
Am Bostelberg 19
D-30900 Wedemark
Telefon: (05130) 58020
Telefax: (05130) 580268
E-Mail: info@jesco.de

Mettler Toledo GmbH
Ockerweg 3
D-35396 Gießen
Telefon: (0641) 507-333
Telefax: (0641) 507-397
http://www.mt.com

METROHM
© 2000 Metrohm Ltd.
CH-9101 Herisau
(Switzerland)
Telefon: +41 (71) 353 85 85
Telefax: +41 (71) 353 89 01
E-Mail: info@metrohm.ch
http://www.metrohm.ch

Metroglas AG
Chalchofenstraße 7 b
CH-8910 Affoltern A. A

7.13 Anbieter pH-Messeinrichtungen

Microelectrodes, Inc.
40 Harvey Road
Bedford, NH 03110-6805
USA
Telefon: (603) 668-0692
Telefax: (603) 668-7926
E-Mail: info@microelectrodes.com
http://www.microelectrodes.com

Milwaukee B. V. B. A.
Abtsdreef 10
B-2940 Stabroek
Telefon: 32-3-5690028
Telefax: 32-3-5690928
E-Mail: milwaukee@glo.be

Nadler
Chemische Analysentechnik
Ifangstraße 23
CH-9524 Zuzwil
Telefon: 071 944 20 78
Telefax: 071 944 37 86
E-Mail: office@nadler.ch

NEUKUM-elektronik GmbH
Gässlesweg 6
D-75334 Straubenhardt
(Feldrennach)
Telefon: (07082) 4 91 80
Telefax: (07082) 6 04 36
E-Mail: info@neukum.de
http://www.neukum.de

NIVUS GmbH
Im Täle 2
D-75031 Eppingen
Telefon: (07262) 9191-0
Telefax: (07262) 9191-29
E-Mail: info@nivus.de
http://www.nivus.de

Ott Messtechnik GmbH & Co. KG
Ludwigstraße 16
D-87437 Kempten
Telefon: (0831) 5617-209
http://www.ott-hydrometrie.com

Pfaudler Werke GmbH
P. O. Box 1780
D-68721 Schwetzingen
Pfaudler Straße
D-68723 Schwetzingen
Telefon: (06202) 85-0
Telefax: (06202) 22412
E-Mail: Sales@pfaudler.de
http://www.pfaudler.de

pHoenix Electrode Company
6103 Glenmont
Houston, TX 77081
USA
Telefon: (713) 772-6666
        (800) 522-7920
Telefax: (713) 772-4671
E-Mail: mail@phoenixelectrode.com
http://www.phoenixelectrode.com

ProMinent Dosiertechnik GmbH
Im Schuhmachergewann 5–11
D-69123 Heidelberg
Postfach 10 17 60
D-69007 Heidelberg
Telefon: (06221) 842-0
Telefax: (06221) 842-419
E-Mail: info@prominent.de

Radiometer Analytical S. A.
Danaher Group
72, rue d'Alsace
F-69627 Villeurbanne Cedex
Lyon
Telefon: +33 (0) 478 03 38 38
Telefax: +33 (0) 478 68 88 12
E-Mail: radiometer@
  nalytical.com
http://www.radiometer@
nalytical.com

Reagecon
Shannon Free Zone,
Shannon Co., Claire, Ireland
D-64271 Darmstadt (postbox)
Telefon: 00353 61 472622
Telefax: 00353 61 472642
E-Mail: barron@
  reagecon.iol.ie
http://www.reagecon.com

Rosemount Analytical Inc.
Uniloc Division
2400 Barranca Parkway
Irvine, CA 92606
USA
E-Mail: Liquid.csc@
  EmersonProcess.com
http://www.rauniloc.com

Royce Instrument Corporation
13555 Gentilly Road
New Orleans, LA 70129
USA
Telefon: 800.347.3505
  504.254.8888
Telefax: 504.254.8855
E-Mail: info@royceinst.com
http://www.royceinst.com

Sartorius AG + Denver
Weender Landstraße 94–108
D-37075 Göttingen
Telefon: (0551) 308-0
Telefax: (0551) 308-3289
http://www.sartorius.com

Schott
NOVA SYSTEMS GROUP
Hattenbergstraße 10
D-55122 Mainz

SENSOREX
11751 Markon Drive
Garden Grove, CA 92841
USA
Telefon: 714-895-4344
Telefax: 714-894-4839
E-Mail: mike@sensorex.com
http://www.sensorex.com

Sensortechnik Meinsberg GmbH
NOVA SYSTEMS GROUP
Fabrikstraße 69
D-04720 Ziegra-Knobelsdorf

SWAN
Dieselstraße 4
Gewerbegebiet
D-98716 Geschwenda
Telefon: (036205) 90013
Telefax: (036205) 91030
Mobil: (0171) 6805129
E-Mail: swan.rr@t-online.de

Testo GmbH & Co.
Testostraße 1
D-79853 Lenzkirch
Germany
Telefon: (07653) 681-0
Telefax: (07653) 681-100
E-Mail: info@testo.de

Thermo Scientific Orion
Thermo Group
Frauenauracher Straße 96
D-91056 Erlangen
Telefon: (03432) 79 11 64
Telefax: (03432) 79 11 65
http://www.thermo.com

Thermo Russell pH Ltd.
Thermo Group
Station Road
Auchtermuchty
Fife, KY14 7DP
Telefon: +44 (0) 1337 828871
Telefax: +44 (0) 1337 828972
E-Mail: sales@
thermorussell.com
technical@
thermorussell.com

Tintometer GmbH
Schleefstraße 8 a
D-44287 Dortmund
Telefon: (0231) 94510-0
E-Mail: info@tintometer.de
http://www.tintometer.de

Vernier Software & Technology
13979 SW Millikan Way
Beaverton, OR 97005-2886
USA
Telefon: (503) 277-2299
Telefax: (503) 277-2440
E-Mail: info@vernier.com
http://www.vernier.com

Walchem Corporation
5 Boynton Road
Hopping Brook Park
Holliston, MA 01746
USA
Telefon: 508-429-1110
E-Mail: walchem@
walchem.com
http://www.walchem.com

WALLACE & TIERNAN
Siemens
Auf der Weide 10
D-89305 Günzburg
Telefon: (08221) 904-0
Telefax: (08221) 904-203

Weiss Research Inc.
P. O. Box 720109
Houston, TX 77272
USA
Telefon: 1-888-44-Weiss
Telefax: 281-879-9666
E-Mail: Electrodes@
WeissResearch.com
http://www.WeissResearch.com

WINDAUS
Clausthal-Zellerfeld
Bauhofstraße 9
D-38678 Clausthal-Zellerfeld
Telefax: (05323) 718-0
Telefax: (05323) 718-111
E-Mail: info@windaus.de
http://www.windaus.de

WTW
Wissenschaftlich Technische Werkstätten
NOVA SYSTEMS GROUP
Dr.-Karl-Slevogt-Straße 1
D-82362 Weilheim
Telefax: (0881) 1830
Telefax: (0881) 62539
E-Mail: info@wtw.de
http://www.wtw.de

Yokogawa Deutschland GmbH
Berliner Straße 101–103
D-40880 Ratingen
Telefax: (02102) 4983-0
Telefax: (02102) 4983-22
E-Mail: info@yokogawa.de
http://www.yokogawa.de

YSI Incorporated
1700/1725 Brannum Lane
Yellow Springs, OH 45387
USA
Telefon: 937-767-7241
Telefax: 937-767-9320
E-Mail: support@ysi.com

Züllig AG
CH-9424 Rheineck
Telefon: +41 (0) 71 886 91 11
Telefax: +41 (0) 71 886 91 66
1 von 1 23.04.2001 16:43
http://www.zuellig.de

7.14
Normen zur pH-Messtechnik

7.14.1
DIN Normen

DIN 10146	Ausgabe: 1977-11 Untersuchung von Fleisch und Fleischerzeugnissen, Messung des pH-Wertes, Referenzverfahren
DIN 10349	Ausgabe: 2004-10 Bestimmung des pH-Wertes im Butterplasma
DIN 10389	Ausgabe: 1985-08 Untersuchung von Stärke und Stärkeerzeugnissen; Bestimmung des pH-Wertes und des Säuregrads
DIN 10456	Ausgabe: 1989-04 Bestimmung des pH-Wertes von Caseinen und Caseinaten; Referenzverfahren
DIN 10776-1	Ausgabe: 1987-04 Untersuchung von Kaffee und Kaffee-Erzeugnissen; Bestimmung des pH-Wertes und des Säuregrads; Verfahren für Röstkaffee
DIN 10776-2	Ausgabe: 1998-06 Untersuchung von Kaffee und Kaffee-Erzeugnissen – Bestimmung des pH-Wertes und des Säuregrads – Teil 2: Verfahren für Kaffee-Extrakt
DIN 18999-11	Ausgabe: 1991-05 Betontechnik, Zusatzmittel für Beton, Mörtel und Einpreßmörtel, Prüfverfahren, Teil 11 Bestimmung des pH-Wertes (Vorschlag für eine Europäische Norm)
DIN 19260	Ausgabe: 2005-06 pH-Messung – Allgemeine Begriffe
DIN 19261	Ausgabe: 2005-06 pH-Messung – Messverfahren mit Verwendung potentiometrischer Zellen
DIN 19262	Ausgabe: 1986-11 Steckbuchse und Stecker geschirmt für pH-Elektroden
DIN 19263	Ausgabe: 1989-01 pH-Messung; Glaselektroden
DIN 19263	Ausgabe: 2006-02 (Norm-Entwurf) pH-Messung – pH-Messketten
DIN 19264	Ausgabe: 1985-12 pH-Messung; Bezugselektroden
DIN 19265	Ausgabe: 1994-06 pH-Messung; pH-Meßumformer; Anforderungen
DIN 19265	Ausgabe: 2006-02 (Norm-Entwurf) pH-/Redox-Messung – pH-/Redox-Messumformer – Anforderungen
DIN 19265	Ausgabe: 1994-06 pH-Messung; pH-Meßumformer; Anforderungen
DIN 19265	Ausgabe: 2006-02 (Norm-Entwurf) pH-/Redox-Messung – pH-/Redox-Messumformer – Anforderungen
DIN 19266	Ausgabe: 2000-01 pH-Messung – Referenzpufferlösungen zur Kalibrierung von pH-Meßeinrichtungen
DIN 19267	Ausgabe: 1978-08 pH-Messung; Technische Pufferlösungen, vorzugsweise zur Eichung von technischen pH-Meßanlagen
DIN 19268	Ausgabe: 1985-02 pH-Messung von klaren, wäßrigen Lösungen

DIN 19268	Ausgabe: 2006-02 (Norm-Entwurf) pH-Messung – pH-Messung von wässrigen Lösungen mit pH-Messketten mit pH-Glaselektroden und Abschätzung der Messunsicherheit
DIN 19682-13	Ausgabe: 1997-04 Bodenuntersuchungsverfahren im Landwirtschaftlichen Wasserbau – Felduntersuchungen – Teil 13: Bestimmung der Carbonate, der Sulfide, des pH-Wertes und der Eisen(II)-Ionen; auch enthalten in
DIN 19684	Ausgabe: 1977-02, Bodenuntersuchungsverfahren im Landwirtschaftlichen Wasserbau, Chemische Laboruntersuchungen, Teil 1 Bestimmung des pH-Wertes des Bodens und Ermittlung des Kalkbedarfs
DIN 38404-5	Ausgabe: 1984-01 Deutsche Einheitsverfahren zur Wasser-, Abwasser- und Schlammuntersuchung; Physikalische und physikalisch-chemische Kenngrößen (Gruppe C); Bestimmung des pH-Wertes (C 5)
DIN 38404-5	Ausgabe: 2005-08 (Norm-Entwurf) Deutsche Einheitsverfahren zur Wasser-, Abwasser- und Schlammuntersuchung – Physikalische und physikalisch-chemische Kenngrößen (Gruppe C) – Teil 5: Bestimmung des pH-Wertes (C 5)
DIN 51082	Ausgabe: 2003-02 Prüfung keramischer Roh- und Werkstoffe – Bestimmung des pH-Wertes von Suspensionen nichtwasserlöslicher Pulver
DIN 51369	Ausgabe: 1990-11 Prüfung von Kühlschmierstoffen, Bestimmung des pH-Wertes von wassergemischten Kühlschmierstoffen
DIN 53124	Ausgabe: 1998-08 Papier, Pappe und Zellstoff – Bestimmung des pH-Wertes in wäßrigen Extrakten
DIN 53312	Ausgabe: 1978-01 Prüfung von Leder, Bestimmung von pH-Wert und Differenzzahl eines wässrigen Lederauszuges
DIN 53345-6	Ausgabe: 1978-06 Prüfung von Lederfettungsmitteln; Analytische Verfahren, Bestimmung des pH-Wertes in wäßriger Emulsion oder Lösung
DIN 53606	Ausgabe: 1980-08 Prüfung von Latex, Bestimmung des pH-Wertes
DIN 53996	Ausgabe: 1991-09 (Entwurf) pH-Messung in hochkonzentrierten Tensid-Lösungen und/oder -dispersionen
DIN 54275	Ausgabe: 1977-12 Prüfung von Textilien; Bestimmung des pH-Wertes von Fasermaterial, Extrapolationsverfahren
DIN 54276	Ausgabe: 1989-08 Prüfung von Textilien, Bestimmung des pH-Wertes des wäßrigen Extraktes von Fasermaterial

7.14.2
DIN EN Normen

DIN EN 1132	Ausgabe: 1994-12 Frucht- und Gemüsesäfte – Bestimmung des pH-Wertes; Deutsche Fassung EN 1132:1994

DIN EN 1245	Ausgabe: 1998-12 Klebstoffe – Bestimmung des pH-Wertes – Prüfverfahren; Deutsche Fassung EN 1245:1998
DIN EN 1262	Ausgabe: 2004-01 Grenzflächenaktive Stoffe – Messung des pH-Wertes von Lösungen oder Dispersionen; Deutsche Fassung EN 1262:2003
DIN EN 12176	Ausgabe: 1998-06 Charakterisierung von Schlamm – Bestimmung des pH-Wertes; Deutsche Fassung EN 12176:1998
DIN EN 12850	Ausgabe: 2002-08 Bitumen und bitumenhaltige Bindemittel – Bestimmung des pH-Wertes von Bitumenemulsionen; Deutsche Fassung EN 12850:2002
DIN EN 13037	Ausgabe: 2000-02 Bodenverbesserungsmittel und Kultursubstrate – Bestimmung des pH-Wertes; Deutsche Fassung EN 13037:1999
DIN EN 13468	Ausgabe: 2001-12 Wärmedämmstoffe für die Haustechnik und für betriebstechnische Anlagen – Bestimmung des Gehalts von wasserlöslichen Chlorid-, Flourid-, Silikat- und Natrium-Ionen und des pH-Wertes; Deutsche Fassung EN 13468:2001
DIN EN 60746-2	Ausgabe: 2003-09 Angabe zum Betriebsverhalten von elektrochemischen Analysatoren – Teil 2: pH-Wert (IEC 60746-2:2003 + Corrigendum 2003); Deutsche Fassung EN 60746-2:2003
DIN EN 60746-2	Berichtigung 1, Ausgabe: 2003-11 Berichtigungen zu DIN EN 60746-2:2003-09

7.14.3
DIN ISO Normen

DIN ISO 976	Ausgabe: 2006-10 (Norm-Entwurf) Kautschuk und Kunststoffe – Polymer-Dispersionen und Kautschuk-Latices – Bestimmung des pH-Wertes (ISO 976:1996 + Amd 1:2006)
DIN ISO 8975	Ausgabe: 1992-01 Kunststoffe; Phenolharze; Messung des pH-Wertes; Identisch mit ISO 8975:1989
DIN ISO 10390	Ausgabe: 2005-12 Bodenbeschaffenheit – Bestimmung des pH-Wertes (ISO 10390:2005)

7.14.4
DIN EN ISO Normen

DIN EN ISO 787-9	Ausgabe: 1995-04 Allgemeine Prüfverfahren für Pigmente und Füllstoffe – Teil 9: Bestimmung des pH-Wertes einer wäßrigen Suspension (ISO 787-9:1981); Deutsche Fassung EN ISO 787-9:1995
DIN EN ISO 1264	Ausgabe: 1997-12 Kunststoffe – Vinylchlorid-Homo- und Copolymerisate – Bestimmung des pH-Wertes des wäßrigen Extraktes (ISO 1264:1980); Deutsche Fassung EN ISO 1264:1997
DIN EN ISO 3071	Ausgabe: 2006-05 Textilien – Bestimmung des pH des wässrigen Extraktes (ISO 3071:2005); Deutsche Fassung EN ISO 3071:2006

DIN EN ISO 4045	Ausgabe: 1998-10 Leder – Bestimmung des pH (ISO 4045:1977); Deutsche Fassung EN ISO 4045:1998
DIN EN ISO 4045	Ausgabe: 2006-09 Leder (Norm-Entwurf) – Chemische Prüfungen – Bestimmung des pH (ISO/DIS 4045:2006); Deutsche Fassung prEN ISO 4045:2006
DIN EN ISO 20843	Ausgabe: 2004-05 Mineralölerzeugnisse und verwandte Produkte – Bestimmung des pH-Wertes schwerentflammbarer Flüssigkeiten der Kategorien HFAE, HFAS und HFC (ISO 20843:2003); Deutsche Fassung EN ISO 20843:2003

7.14.5
ISO Normen

ISO 2917	Ausgabe: 1999-12 Fleisch und Fleischwaren – Bestimmung des pH-Wertes (Referenzmethode)
ISO 4316	Ausgabe: 1977-08 Grenzflächenaktive Stoffe; Bestimmung des pH-Wertes wäßriger Lösungen; Potentiometermethode
ISO 5546	Ausgabe: 1979-10 Kaseine und Kaseinate; pH-(Wert-)Bestimmung (Referenzmethode)
ISO 7238	Ausgabe: 2004-12 Butter – pH-Bestimmung des Serums – Potentiometrisches Verfahren
ISO 10390	Ausgabe: 2005-02 Bodenbeschaffenheit – Bestimmung des pH-Wertes
ISO 10523	Ausgabe: 1994-06 Water quality – Determination of pH

7.14.6
Amtliche Sammlung von Untersuchungsverfahren nach § 35 LMBG

LMBG L 02.09-6	Ausgabe: 1986-06 Untersuchung von Lebensmitteln; Bestimmung des pH-Wertes von Caseinen und Caseinaten; Referenzverfahren
LMBG L 02.09-6	Ausgabe: 2002-12 (Berichtigung) Untersuchung von Lebensmitteln – Bestimmung des pH-Wertes von Caseinen und Caseinaten – Referenzverfahren
LMBG L 04.00-13	Ausgabe: 1986-05 Untersuchung von Lebensmitteln; Bestimmung des pH-Wertes im Butterserum
LMBG L 05.00-11	Ausgabe: 1995-01 Untersuchung von Lebensmitteln – Messung des pH-Wertes in Eiern und Eiprodukten
LMBG L 06.00-1	Ausgabe: 1980-09 Untersuchung von Lebensmitteln, Vorbereitung von Fleisch und Fleischerzeugnissen zur chemischen Untersuchung, 9/80
LMBG L 06.00-2	Ausgabe: 1980-09 Messung des pH-Wertes in Fleisch und Fleischerzeugnissen
LMBG L 07.00-2	Ausgabe: 1980-09 Messung des pH-Wertes in Fleischerzeugnissen
LMBG L 08.00-2	Ausgabe: 1980-09 Messung des pH-Wertes in Wurstwaren
LMBG L 13.05-5	Ausgabe: 1984-05 Untersuchung von Lebensmitteln, Bestimmung des pH-Wertes in Margarine, 5/84
LMBG L 13.06-5	Ausgabe: 1984-05 Untersuchung von Lebensmitteln; Bestimmung des pH-Wertes in Halbfettmargarine

LMBG L 20.01/02	Ausgabe: 1980-05 Messung des pH-Wertes in Mayonnaise und emulgierten Soßen, 5/80
LMBG L 26.04-3	Ausgabe: 1987-06 Messung des pH-Wertes in der Aufgußflüssigkeit bzw. Preßlake von Sauerkraut, 6/87
LMBG L 26.11.02-3	Ausgabe: 1983-05 Bestimmung des pH-Wertes in Tomatenmark
LMBG L 31.00-2	Ausgabe: 1980-05 Messung des pH-Wertes in Fruchtsäften
LMBG L 36.00-2	Ausgabe: 1989-05 Untersuchung von Lebensmitteln, Messung des pH-Wertes in Bier
LMBG L 46.02-3	Ausgabe: 1987-11 Untersuchung von Lebensmitteln; Bestimmung des pH-Wertes und des Säuregrads; Verfahren für Röstkaffee
LMBG L 46.03-4	Ausgabe: 1999-11 Untersuchung von Lebensmitteln – Bestimmung des pH-Wertes und des Säuregrads; Verfahren für Kaffee-Extrakt
LMBG L 52.01.01-3	Ausgabe: 1983-11 Bestimmung des pH-Wertes in Tomatenketchup und vergleichbaren Erzeugnissen, 11/83
LMBG L 52.04-1	Ausgabe: 1987-06 Untersuchung von Lebensmitteln, Bestimmung des pH-Wertes in Essig
LMBG L 75.00-1(EG)	Ausgabe: 1982-05 Bestimmung des pH-Wertes in Lebensmittelzusatzstoffen

7.15
OENORMEN (Österreich)

OENORM M 6201	Ausgabe: 2006-07-01 pH-Messung – Begriffe
OENORM M 6244	Ausgabe: 2006-07-01 (Norm-Entwurf) Wasseruntersuchung – Bestimmung des pH-Wertes
OENORM DIN 10349	Ausgabe: 2006-04-01 Bestimmung des pH-Wertes im Butterplasma (DIN 10349:2004)
OENORM DIN 10456	Ausgabe: 1993-09-01 Bestimmung des pH-Wertes von Caseinen und Caseinaten – Referenzverfahren
OENORM EN 14984	Ausgabe: 2006-07-01 Calcium-/Magnesium Bodenverbesserungsmittel – Bestimmung des Produkteinflusses auf den Boden-pH-Wert – Bodeninkubationsverfahren
OENORM DIN 19263	Ausgabe: 1994-04-01 pH-Messung – Glaselektroden
OENORM DIN 19266	Ausgabe: 2000-12-01 pH-Messung – Referenzpufferlösungen zur Kalibrierung von pH-Meßeinrichtungen
OENORM DIN 19267	Ausgabe: 1980-02-01 pH-Messung; technische Pufferlösungen vorzugsweise zur Eichung von technischen pH-Meßanlagen

7.16
BS Normen (Großbritanien)

BS EN 1262	Ausgabe: 2003-11-25 Grenzflaechenaktive Stoffe – Messung des pH-Wertes von Loesungen oder Dispersionen

BS 4401-9	Ausgabe: 1976-01-30 Untersuchungsverfahren für Fleisch und Fleischprodukte – Bestimmung des pH-Werts
BS 6057-3.9	Ausgabe: 1996-10-15 Kautschuk und Kunststoffe Polymerdispersionen und Kautschuk-Latices – Bestimmung des pH-Wertes
BS 6248-4	Ausgabe: 1982-06-30 Kaseiene und Kaseienate – Verfahren zur Bestimmung des pH-Wertes (Referenzverfahren)
BS ISO 10390	Ausgabe: 2005-03-22 Bodenbeschaffenheit – Bestimmung des pH

7.17
NF Normen (Frankreich)

NF T42-009	Ausgabe: 1977-12-01 Gummi, Latex aus Gummi – Bestimmung des pH-Wertes
NF T73-206	Ausgabe: 2004-01-01 Grenzflächenaktive Stoffe – Messung des pH-Wertes von Lösungen oder Dispersionen
NF U44-178	Ausgabe: 2006-07-01 Calcium-/Magnesium Bodenverbesserungsmittel – Bestimmung des Produkteinflusses auf den Boden-pH-Wert – Bodeninkubationsverfahren
NF V04-316	Ausgabe: 1985-02-01 Butter – pH Bestimmung des Serums. Potentiometrisches Verfahren
NF V04-408	Ausgabe: 1974-01-01 Fleisch und Fleischprodukte – Bestimmung des pH-Wertes
NF X31-117	Ausgabe: 2005-05-01 Bodenbeschaffenheit – Bestimmung des pH-Wertes

7.18
GOST Normen (Russland)

GOST 28655	Ausgabe: 1990 Rubber latexes – Determination of pH
GOST R 51456	Ausgabe: 1999 Butter – Potentiometric method of determination of pH of the serum
GOST R 51478	Ausgabe: 1999 Meat and meat products – Reference method for measurement of pH

Literaturverzeichnis

1 Reuber R., Wellens H., Gruß K., Chemikon, S. III 13, Umschau Verlag, 1972
2 Evans R. S., A Dictionary of pH-Applications, The Herbert Publishing LTD
3 Wirth F., pH-Wert bei der Fleischauswahl und Fleischwarenherstellung in der Praxis, Firmenschrift Euro Gewürz GmbH
4 Wirth F., pH-Wert und Fleischherstellung, Die Fleischwirtschaft Nr. 9, 1978
5 Was bedeutet pH? S. 13, Firmenschrift Analytical Messinstrumente GmbH.
6 pH-Measurement in fresh milk, Application 4, Ingold Firmenschrift
7 pH-Measurement in Butter Processing, Application 3, Ingold Firmenschrift
8 pH-Measurement in Yoghurt Processing, Application 2, Ingold Firmenschrift
9 Meier P., Lohrum A., Gareiss J., Praxis und Theorie der pH-Messtechnik, Ingold Firmenschrift, 1989
10 Dörfner H. H., Der pH-Wert und seine Bedeutung in der Bäckerei, Der Industriebackmeister 19, Heft 4
11 Tanner H., Brunner H. R., Getränke-Analytik, Verlag Heller Chemie- und Verwaltungsgesellschaft mbH
12 Rödel W., Rohwurst – Reifung, Klima und andere Einflußgrößen, Sonderdruck aus Fleischerei 4/1986, Hans Holzmann Verlag
13 Schretzenmayer, Der pH-Wert vor und nach der Calciumcarbonatsättigung, Seminarunterlage, 1991
14 TrinkwV 2001, Verordnung über die Qualität von Wasser für den menschlichen Gebrauch, 2001
15 Galster H., pH-Messung, VCH-Verlagsgesellschaft, 1990
16 Höll K., Wasser, 6. Auflage, Verlag Walter de Gruyter, 1979
17 Klee, O., Angewandte Hydrobiologie, Thieme Verlag, 1985
18 Bund der Lebensmittelmeister e. V. – Lebensmittel, http://www.lebensmittelmeister.de/Lebensmittel/Milch/milch.ht
19 Galster H., Bedeutung des pH-Wertes für die Haltbarkeit von Papieren und ihrer Restauration, S. 114–119, Maltechnik, 1977
20 Einheitsmethoden zur Messung der pH-Reaktion auf der Oberfläche von Papieren, Merkblatt V/17/62, Verein der Zellstoff- und Papier-Chemiker und -Ingenieure, 1962
21 pH-Wert- und Redoxpotential-Messketten, Leitfähigkeits-Messzellen Armaturen und Zubehör, Phillips Firmenschrift

pH-Messung: Der Leitfaden für Praktiker. Ralf Degner
Copyright © 2009 WILEY-VCH Verlag GmbH & Co. KGaA, Weinheim
ISBN: 978-3-527-32359-3

22 Böhme H. P., Temperatur und pH-Wert, GIT 3/81
23 Elektroden Katalog D6, Ingold Firmenschrift, 1986
24 Elektroden für Prozeßchemie, Biotechnologie und Wasserwirtschaft, Schott Geräte Firmenschrift, 1991
25 pH-Wert- und Redoxpotential-Messketten, Leitfähigkeits-Messzellen Armaturen und Zubehör, Phillips Firmenschrift
26 Tauber G., Störpotentiale am Diaphragma von Referenzelektroden, S. 584–593, LaborPraxis 6/82
27 pH-Messung im Labor, S. 20–22, Hamilton Firmenschrift
28 Elektroden für Prozeßchemie, Biotechnologie und Wasserwirtschaft, S. IX, Schott Geräte Firmenschrift, 1991
29 Elektroden und Zubehör für den betrieblichen Einsatz, Schott Geräte Firmenschrift
30 Puffer, S. 12–15, Riedel de Haen Firmenschrift
31 Csefalvayova E., Kozakova E., Jankovicova J., Standard buffer solutions in 50 mass % ethanol-water mixtures at 15–35 °C, Acta Fac. Rerum Nat. Comenianae. Chim., 1985
32 Hütter L. A., Wasser und Wasseruntersuchung, 4. Auflage, Salle und Sauerländerverlag, 1990
33 pH-Measurement in fresh milk, Application 4, Ingold Firmenschrift
34 Teicher K., Schuler P., Ermittlung des pH-Wertes in Bodenproben, Deutscher Gartenbau 4, 1982
35 Schmittchen F., Schepers K. H., Jüngst H., Reul U., Festerling A., Fleischqualität beim Schwein, Fleischwirtschaft, 1984
36 Welche Bedeutung hat der pH-Wert für die Fotografie?, Fotohobbylabor, 1985
37 Arauner P., Kitzinger Weinbuch, Paul Arauner GmbH & Co. KG, 1985
38 Landvogt, Errors in pH Measurement of Meat and Meat Products by Dilution Effects
39 Rödel W., Measurement magnitudes and transportable measuring instruments for in-factory quality control, Fleischwirtschaft International, 11/92
40 Messungen des pH-Wertes in Schlachttierkörpern und erlegtem Haarwild, VwVFlG
41 DIN 1319-1 Grundbegriffe der Messtechnik, 11/71
42 DIN 19260, pH-Messung, Allgemeine Begriffe, Entwurf August 2000
43 DIN 19643-1, Aufbereitung von Schwimm- und Badebeckenwasser, Teil 1: Allgemeine Anforderungen, 1997
44 DIN 19261, pH-Messung, Messverfahren mit Verwendung potentiometrischer Zellen, Dezember 2000
45 DIN 19264, Referenzelektroden 12/85
46 DIN 19263, pH-Messung, Glaselektroden 1/89
47 ISO/DIS 10523, Water quality – Determination of pH, 12/92
48 DIN V 19263: 2006, 2/06
49 DIN 19262, Steckbuchse und Stecker geschirmt für pH-Elektroden, 9/59
50 DIN ISO 10012-1 Forderungen an die Qualitätssicherung für Meßmittel, Bestätigungssystem für Meßmittel
51 DIN 19266, pH-Messung, Standardpufferlösungen, Januar 2000
52 DIN 19267, pH-Messung, Technische Pufferlösungen, vorzugsweise zur Eichung von technischen pH-Messanlagen, August 1978
53 Fischer J. E., Wolf O., Funktionsprüfung und Wartung von Referenzelektroden, LaborPraxis 9/84

54 Nebe E., Nösel H., Kleines Handbuch über die Potentiometrie, WTW Firmenschrift, 1974
55 Degner R., Schöttl G., pH-Messung von Trinkwasser, S. 612–613, ndz, Hannover 12/92
56 DIN 19268 Ausgabe: 1985-02 pH-Messung von klaren, wäßrigen Lösungen
57 DIN 38404-5 Ausgabe: 1984-01 Deutsche Einheitsverfahren zur Wasser-, Abwasser- und Schlammuntersuchung, physikalische und physikalisch-chemische Kenngrößen (Gruppe C), Bestimmung des pH-Wertes (C 5)
58 DIN 38404-5 Ausgabe: 2005-08 (Norm-Entwurf) Deutsche Einheitsverfahren zur Wasser-, Abwasser- und Schlammuntersuchung, physikalische und physikalisch-chemische Kenngrößen (Gruppe C), Teil 5: Bestimmung des pH-Wertes (C 5)
59 ISO 10523 Ausgabe: 1994-06 Water quality – Determination of pH
60 Putzien J., Präzise Messung in Trinkwasser, Z. Wasser- Abwasser-Forschung 1, 1988
61 pH electrode catalogue and guide to pH measurement, Orion Firmenschrift
62 Schuler P., pH-Messung in saurem Regen, S. 1236–1240, GIT Fachz. Lab. 12/85
63 ATV-M 704, Betriebsmethoden zur Selbstüberwachung von Abwasseranlagen, Mai 1997
64 pH electrode catalogue and guide to pH measurement, Orion Firmenschrift
65 Bates H. G., Electrochemical pH Determinations, John Wiley & Sons Inc., 1954
66 DIN EN 12176 Ausgabe: 1998-06 Charakterisierung von Schlamm, Bestimmung des pH-Wertes, deutsche Fassung EN 12176:1998
67 Anleitung zur pH-Messung im Fleisch von geschlachteten Tieren, Ingold Firmenschrift
68 Wirth F., pH-Wert bei der Fleischauswahl und Fleischwarenherstellung in der Praxis, S. 4–6, Firmenschrift Euro Gewürz GmbH
69 Rödel W., Rohwurst – Reifung, Klima und andere Einflußgrößen, Sonderdruck aus Fleischerei 4/1986, Hans Holzmann Verlag
70 Landvogt, Errors in pH Measurement of Meat and Meat Products by Dilution Effects
71 Rödel W., Measurement magnitudes and transportable measuring instruments for in-factory quality control, Fleischwirtschaft International, 11/92
72 pH-Messungen in Käse, Arbeitsblatt 115, Ingold Firmenschrift
73 VDI 3870, Messen von Regeninhaltsstoffen, Messen des pH-Wertes in Regenwasser, Entwurf 5/88
74 DIN 19643-1, Aufbereitung von Schwimm- und Badebeckenwasser, Teil 1: Allgemeine Anforderungen, 1997
75 LMBG L 36.00-2 Ausgabe: 1989-05 Untersuchung von Lebensmitteln, Messung des pH-Wertes in Bier
76 Bühler H., pH und O_2 in Fermentern, 9/76
77 DIN 19684 Ausgabe: 1977-02, Bodenuntersuchungsverfahren im landwirtschaftlichen Wasserbau, chemische Laboruntersuchungen, Teil 1: Bestimmung des pH-Wertes des Bodens und Ermittlung des Kalkbedarfs
78 DIN ISO 10390 Ausgabe: 2005-12 Bodenbeschaffenheit, Bestimmung des pH-Wertes (ISO 10390:2005)

79 DIN 10456 Ausgabe: 1989-04 Bestimmung des pH-Wertes von Caseinen und Caseinaten, Referenzverfahren
80 ISO 5546 Ausgabe: 1979-10 Kaseine und Kaseinate, pH-(Wert-)Bestimmung, Referenzmethode
81 LMBG L 02.09-6 Ausgabe: 1986-06 Untersuchung von Lebensmitteln, Bestimmung des pH-Wertes von Caseinen und Caseinaten, Referenzverfahren
82 OENORM DIN 10456 Ausgabe: 1993-09-01 Bestimmung des pH-Wertes von Caseinen und Caseinaten, Referenzverfahren
83 BS 6248-4 Ausgabe: 1982-06-30 Kaseine und Kaseinate, Verfahren zur Bestimmung des pH-Wertes, Referenzverfahren
84 DIN 10146 Ausgabe: 1977-11 Untersuchung von Fleisch und Fleischerzeugnissen, Messung des pH-Wertes, Referenzverfahren
85 ISO 2917 Ausgabe: 1999-12 Fleisch und Fleischwaren, Bestimmung des pH-Wertes, Referenzmethode
86 LMBG L 06.00-1 Ausgabe: 1980-09 Untersuchung von Lebensmitteln, Vorbereitung von Fleisch und Fleischerzeugnissen zur chemischen Untersuchung, 9/80
87 LMBG L 06.00-2 Ausgabe: 1980-09 Messung des pH-Wertes in Fleisch und Fleischerzeugnissen
88 LMBG L 07.00-2 Ausgabe: 1980-09 Messung des pH-Wertes in Fleischerzeugnissen
89 LMBG L 08.00-2 Ausgabe: 1980-09 Messung des pH-Wertes in Wurstwaren
90 BS 4401-9 Ausgabe: 1976-01-30 Untersuchungsverfahren für Fleisch und Fleischprodukte, Bestimmung des pH-Werts
91 NF V04-408 Ausgabe: 1974-01-01 Fleisch und Fleischprodukte, Bestimmung des pH-Wertes
92 GOST R 51478 Ausgabe: 1999 Meat and meat products, reference method for measurement of pH
93 DIN EN 1132 Ausgabe: 1994-12 Frucht- und Gemüsesäfte, Bestimmung des pH-Wertes, deutsche Fassung EN 1132:1994
94 LMBG L 31.00-2 Ausgabe: 1980-05 Messung des pH-Wertes in Fruchtsäften
95 DIN 10776-2 Ausgabe: 1998-06 Untersuchung von Kaffee und Kaffee-Erzeugnissen, Bestimmung des pH-Wertes und des Säuregrads, Teil 2: Verfahren für Kaffee-Extrakt
96 LMBG L 46.03-4 Ausgabe: 1999-11 Untersuchung von Lebensmitteln, Bestimmung des pH-Wertes und des Säuregrads, Verfahren für Kaffee-Extrakt
97 DIN 51369 Ausgabe: 1990-11 Prüfung von Kühlschmierstoffen, Bestimmung des pH-Wertes von wassergemischten Kühlschmierstoffen
98 DIN 53606 Ausgabe: 1980-08 Prüfung von Latex, Bestimmung des pH-Wertes
99 NF T42-009 Ausgabe: 1977-12-01 Gummi, Latex aus Gummi, Bestimmung des pH-Wertes
100 LMBG L 13.05-5 Ausgabe: 1984-05 Untersuchung von Lebensmitteln, Bestimmung des pH-Wertes in Margarine, 5/84
101 LMBG L 13.06-5 Ausgabe: 1984-05 Untersuchung von Lebensmitteln, Bestimmung des pH-Wertes in Halbfettmargarine
102 LMBG L 20.01/02 Ausgabe: 1980-05 Messung des pH-Wertes in Mayonnaise und emulgierten Soßen, 5/80
103 Grasshoff K., Seawater analysis, S. 85–97, VCH Verlagsgesellschaft, 1983

104 DIN 53124 Ausgabe: 1998-08 Papier, Pappe und Zellstoff, Bestimmung des pH-Wertes in wäßrigen Extrakten
105 Einheitsmethoden zur Messung der pH-Reaktion auf der Oberfläche von Papieren, Merkblatt V/17/62, Verein der Zellstoff- und Papier-Chemiker und -Ingenieure, 1962
106 DIN ISO 8975 Ausgabe: 1992-01 Kunststoffe, Phenolharze, Messung des pH-Wertes, identisch mit ISO 8975:1989
107 DIN EN ISO 787-9 Ausgabe: 1995-04 Allgemeine Prüfverfahren für Pigmente und Füllstoffe, Teil 9: Bestimmung des pH-Wertes einer wäßrigen Suspension (ISO 787-9:1981), deutsche Fassung EN ISO 787-9:1995
108 DIN 10776-1 Ausgabe: 1987-04 Untersuchung von Kaffee und Kaffee-Erzeugnissen, Bestimmung des pH-Wertes und des Säuregrads, Verfahren für Röstkaffee
109 LMBG L 46.02-3 Ausgabe: 1987-11 Untersuchung von Lebensmitteln, Bestimmung des pH-Wertes und des Säuregrads, Verfahren für Röstkaffee
110 DIN 10389 Ausgabe: 1985-08 Untersuchung von Stärke und Stärkeerzeugnissen, Bestimmung des pH-Wertes und des Säuregrads
111 DIN 53996 Ausgabe: 1991-09 (Entwurf) pH-Messung in hochkonzentrierten Tensid-Lösungen und/oder -dispersionen
112 BS EN 1262 Ausgabe: 2003-11-25 Grenzflächenaktive Stoffe, Messung des pH-Wertes von Lösungen oder Dispersionen
113 NF T73-206 Ausgabe: 2004-01-01 Grenzflächenaktive Stoffe, Messung des pH-Wertes von Lösungen oder Dispersionen
114 DIN 54275 Ausgabe: 1977-12 Prüfung von Textilien, Bestimmung des pH-Wertes von Fasermaterial, Extrapolationsverfahren
115 DIN 54276 Ausgabe: 1989-08 Prüfung von Textilien, Bestimmung des pH-Wertes des wäßrigen Extraktes von Fasermaterial
116 DIN EN ISO 3071 Ausgabe: 2006-05 Textilien, Bestimmung des pH des wässrigen Extraktes (ISO 3071:2005), deutsche Fassung EN ISO 3071:2006
117 ATV-M 704, Betriebsmethoden zur Selbstüberwachung von Abwasseranlagen, Mai 1997
118 VGB-R 450 L, VGB-Richtlinie für Kesselspeisewasser, Kesselwasser und Dampf von Dampferzeugern über 68 bar zulässigem Betriebsdruck, 1995
119 VGB Cooling Water Guideline, VGB-R 455 Pe, 1992
120 Bühler H., Bucher R., pH-Messung und Temperaturkompensation, GIT 9/82
121 Bates H. G., Electrochemical pH Determinations, John Wiley & Sons Inc., 1954
122 Honold F., Honold B., Ionenselektive Elektroden, S. 20–27, Birkhäuser Verlag, 1991
123 Putzien J., Präzise Messung in Trinkwasser, Z. Wasser-Abwasser-Forschung 1, 1988
124 Puffer, S. 12–15, Riedel de Haen Firmenschrift
125 Schwabe K., Azidität konzentrierter Elektrolytlösungen, Elektrochim. Acta 12, S. 67–93, 1967
126 Cruse K., pH-Begriff und pH-Messung in wasserfreien Lösungen, Arch. Tech. Messen, 1956
127 Licht S., pH-Measurement in concentrated alkaline Solutions, Analytische Chemie, S. 514–519, 1985

128 Schwabe K., Azidität konzentrierter Elektrolytlösungen, Elektrochim. Acta 12, S. 67–93, 1967

129 Clarke M. A., The effect of solution structure on electrode processes in sugar solutions, Proc. of the 1970 Technical Session on Cane Sugar Refining Res., 12.–13. Okt. 1970, S. 179–188, 1970

130 Schwabe K., pH-Messtechnik, 1976

131 Mussini T., Mazza F., Comparison of different pH scales, S. 79–82, Dechema-Monographs 101, VCH Verlagsgesellschaft, 1986

134 Baucke F. G. K., Thermodynamic Origin of the Sub-Nernstian Response of Glass Electrodes, Analytical Chemistry, 1994

135 Baucke F. G. K., The modern understanding of the glass electrode response, Fresenius J. Anal. Chem., Thermodynamic Origin of the Sub-Nernstian Response, 1994

136 Baucke F. G. K., Function of glass electrodes, A discussion of interfacial equilibria, Physics and Chemistry of glasses, 42, 2001

137 Determination of Alkaline Errors up to 1 mol dm^{-3} Na$^+$, K$^+$, Li$^+$, S. 887–898, Pure Appl. Chem. 57, 1985

138 Galster H., pH-Messketten mit festem oder flüssigem Elektrolyt, S. 744–745, GIT 8/80

139 Tauber G., Störpotentiale am Diaphragma von Referenzelektroden, S. 584–593, LaborPraxis 6/82

140 Fischer J. E., Wolf O., Funktionsprüfung und Wartung von Referenzelektroden, LaborPraxis 9/84

141 Rommel K., Messprobleme durch Störströme und Erdschleifen in der LaborMesstechnik, GIT 27, S. 473–580, 1983

142 DIN ISO 10012-1, Ausgabe 1998, Forderungen an die Qualitätssicherung für Messmittel

143 Prüfmittelmanagement, DGQ Band 13–61, 1998

144 DIN V ENV ISO 13530, Richtlinie zur Qualitätssicherung in der Wasseranalytik

145 DIN V ENV 13005 GUM Guide to the Expression of Uncertainty in Measurement

146 EURACHEM/D Ermittlung der Messunsicherheit bei analytischen Messungen

147 IUPAC, Provisional Recommendations, The Measurement of pH, Definition, Standards and Procedures, Report of the working party on pH, 2001

Stichwortverzeichnis

a
Abwasser 93, 127
Alkalifehler 143
alkalisch 3
alkalische Lösungen 83
Anbieter 214
Anströmung 164
Anströmverhalten 62, 186, 190
Anwendungsbereich 182, 193
Anzeige 41
Arbeitsanweisung 193
Arbeitsbereich 182, 194
Arbeitspufferlösung 55
Armatur 39
Asymmetriespannung 147
Aufbewahrungslösung 67
Auflösung 41
Ausbreitungswiderstand 153
Ausflussgeschwindigkeit 33, 148, 211
Auslaugschicht 145, 162

b
Backmittel 7
Basen 140
basisch 3
basische Lösungen 137
Beizen 76
Beständigkeit 146
Betriebsmessung 91
Bewegungsdaten 176
Bier 9, 102, 128
Bindegewebe 5
Blut 6
Boden 15, 103, 104
Brauprozess 7
Brot 7
Brückenelektrolytlösung 32
Butter 8

c
Casein 106
Citrat 146

d
dark cutting Fleisch 6
desinfizieren 81
DFD-Fleisch 6
Differenzmessung 50
Dokumentation 60
Druck 82, 166
Druckverhalten 64
Durchfluss 82

e
EDTA 146
Eignung 177
Eignungsprüfung 177
Eingangsprüfung 58, 177
Eingangswiderstand 40
eingedickte Elektrolytlösung 28
Einstellverhalten 62, 161, 186
Einstichmessung 87
Eintauchen 80
Eiweißstoffe 7
Elektrolytausfluss 29, 148
Elektrolytbrücke 31
Elektrolytgel 149
Elektrolytkonzentration 152
Elektrolytlösung 72
Elektrolytpolymerisat 30, 149
Elektrolytverlust 28, 79
Emulsion 85
Erdschleife 170
Erdung 170
erweiterte Unsicherheit 180, 193

pH-Messung: Der Leitfaden für Praktiker. Ralf Degner
Copyright © 2009 WILEY-VCH Verlag GmbH & Co. KGaA, Weinheim
ISBN: 978-3-527-32359-3

f

Faserdiaphragma 33
Faulschlamm 128
Faulturm 14
Feldmessung 91
Festanschluss 36
Feststoff 87
Fisch 7
Fischgrätdiagramm 183
Flachmembran 26, 88
Fleisch 6, 93, 108
Fluorid 84
Fluoridionen 146
Flusssäure 84
Fruchtsaft 109
Füllstoffe 119

g

Gärung 10
Gasmembran 141
Gedächtniseffekt 153
Gelschicht 145
Genauigkeit 178
Gerben 8
Geschmack 10
Glasfrittendiaphragma 33
Grenzwert 179
Grundkalibrierung 177
Grundwasser 94

h

Haarwild 207
Haltbarkeit 10
Hase 207
Haut 5, 6
Hochalkalimembran 83
Hochohmigkeit 60, 168
Hold-Funktion 49
Hydroniumionen 135
Hydroxidionen 135
Hygiene 9
hygroskopische Salze 146

i

Inbetriebnahme 67
Innenelektrolytlösung 26
Ionenbeweglichkeit 212
Ionenenstärke 152
ISFED-Sensor 85
Ishikawa-Diagramm 183
isoelektrischer Punkt 7
Isothermenschnittpunkt 160

j

Joghurt 9
justieren 77
Justierfunktion 46, 190

k

Kabel 38, 170
Kabelkapazität 170
Kaffeeextrakt 110
Kalibrierautomatik 78
Kalibrierdaten 174, 188
kalibrieren 193
Kalibrierergebnis 71, 174
Kalibrierschein 195
Kalibrierung 46
Kaliumchlorid 151
Kaliumchloridbeläge 67
Kalottenmembran 25
Kaninchen 207
Kapillardiaphragma 34
Käse 9
– Hartkäse 95
– Schnittkäse 96
– Weichkäse 97
Kegelmembran 25
Kennlinie 61, 66, 156
Kennzeichnung 60
Keramikdiaphragma 33
Kesselspeisewasser 15
Kettennullpunkt 78, 159, 187
klären 7
kombinierte Unsicherheit 180, 191
kondensierte Phosphate 146
kontinuierliche Messung 127
konzentrierte Säuren 146
Körperpflegemittel 6
Korrekturmaßnahmen 72
Korrosion 11
Kraftwerk 15, 129
Kugelmembran 25
Kühlschmierstoff 111

l

Labormessgerät 43
Labormessung 102
Ladungstransport 147
lagern 89
Lagerung 29
Latex 112
LCD-Anzeige 41
LED-Anzeige 42
Leitfähigkeit 30
– < 100 µS/cm 82
Linearität 59, 156

Loch 34
Lochdiaphragma 34
Lyationen 141
Lyoniumionen 141

m
Magensaft 5
Margarine 113
Mayonnaise 114
Meerwasser 115
Membran 166
Membranglas 211
Memoryeffekt 153
Messeinrichtung 17
Messgerät 168
Messkettenbewertung 49
Messkettenkabel 38
Messkettenkopf 35
Messkettenspannung 155
Messumformer 44
Messwertgeber 39
Meßwertspeicher 49
Messwert, stabiler 71
Milch 7, 128
Moorboden 105

n
Nachfüllöffnung 68, 149
Nachweis der Erfüllung 178
Nadelmembran 25
Natriumfehler 143
Nernst'sche Gleichung 157
neutral 3
Neutralpunkt 136
nichtwässrige Flüssigkeit 141, 163
nichtwässrige Referenzlösung 56
Norm 221

o
Oberflächengleichgewicht 142
Oberflächenmessung 88
Oberflächenwasser 12
Offset-Spannung 46, 78, 159, 187
Online-Messung 127
organische Flüssigkeiten 84
Oxoniumionen 3, 135

p
Papier 16, 116
Pappe 116
Pepsin 73
Pflanzen 15
Phasengrenzspannung 154, 212
Phenolharz 117, 118

pH-hautneutral 6
pH-Messkette 61
pH-Meter 40
pH-Wert 3
Pigmente 119
Platindiaphragma 34
Potentialbildung 142
primäre Referenzpufferlösung 53
Probenahme 187
Probenaufbereitung 187
Prüfbericht 195
Prüfmitteleignung 62
Prüfmittelfähigkeit 58, 177
Prüfmittelstammkarte 173
PSE-Fleisch 6
Pufferlösung 51
Puffertabletten 56
Pufferwert 51

q
Quanitifizierung 184
Quellschicht 145
Querempfindlichkeit 64, 83, 143

r
Referenzelektrode 26, 162
Referenzelektrolyt 27
Referenzelektrolytlösung 27, 68
Referenzelement 26, 35, 76, 154, 213
Referenzlösung 66, 69
Regen 12
regenerieren 72
Regenwasser 97
reinigen 72
Reinstwasser 129
Reproduzierbarkeit 178
Rind 6, 207
Robustheit 177
Röstkaffee 120
Rückführbarkeit 52
rühren 31

s
Salzlösungen 140
sauer 3
saure Lösungen 137
Säuren 84, 140
Schaf 207
Schaft 38
Schlamm 121
Schliffdiaphragma 34
Schmutz 166
Schwein 207

Schweinefleisch 6
Schwimmbeckenwasser 12, 100, 130
sekundäre Referenzpufferlösung 53
Servicedaten 176
SOP 193
Spaltüberführung 34
Spannungsmessfunktion 59
Speicherfunktion 37
spülen 80
Stabilität 190
Stabilitätskontrolle 47
Stammdaten 174
Standardabweichung 178
Standardlösung 51
– Haltbarkeit 55
Standardpufferlösung 208
Standardunsicherheit 180
Stärke 122
Stecker 37
Steckverbindung 35
Steilheit 46, 77, 157
Stickgerät 42
Suspension 86, 140
Suspensionseffekt 86, 140
Synärese 30

t

Tartrate 146
Taschenmessgerät 42
technische Pufferlösung 55
Teig 7
teilorganische Elektrolytlösung 27
Temperatur 26, 47, 70, 136, 146, 160, 163, 189
Temperaturkompensation 46
Temperaturmessfunktion 46, 60
Temperatursensor 40, 65
Tenside 123, 124
Textilien 125
Thioharnstoff 74
Tischmessgerät 43
Transport 187
Trinkwasser 10, 101, 131

u

Überdruck 28
Überführung 32, 167
Überführungsspannung 150, 186, 191
unpolare Stoffe 140
Unsicherheit 178
Unsicherheitsbudget 182

v

Validierung 177
Verdünnungseinfluss 51
Verstärker 36
viskose Proben 86

w

Wasser 81
Wasserstoffionen 3
Wein 9, 128
Widerstand 169
Wiederfindungsfunktion 177
Wurst 7

z

Zeigerinstrument 42
Zellstoff 116
Zertifikat 53
zertifiziertes Referenzmaterial 52
Zucker 140
Zylindermembran 25